内容提要

植物组织培养技术是现代生物技术研究的重要内容。本教材简明扼要地介绍了有关植物组织培养实验的基本理论和原理，详细叙述了实验的具体操作方法和步骤。全书共29个实验，主要包括植物培养基配制、初代培养物建立、胚状体和不定芽诱导、愈伤组织诱导和分化、离体茎段快速繁殖、胚珠培养、花药培养、单细胞分离和培养、细胞悬浮培养、原生质体培养、原生质体融合、茎尖组织培养和脱毒、植物病毒的机械传染技术、植物病毒检测技术、植物种质离体保存等。

本教材可作为生物工程、生物技术、农学、园艺、林学及其他生命科学专业本、专科生及研究生的植物组织培养实验指导，亦可作为相关科研及从业人员的参考用书。

全国高等农林院校“十一五”规划教材

植物组织培养实验指导

王　蒂　主编

中国农业出版社

主　编　王　蒂（甘肃农业大学）

编　者（按姓氏笔画排列）

王　蒂（甘肃农业大学）

司怀军（甘肃农业大学）

朱延明（东北农业大学）

刘学春（山东农业大学）

李　杰（东北农业大学）

张俊莲（甘肃农业大学）

陈利萍（浙江大学）

陈劲枫（南京农业大学）

赖钟雄（福建农林大学）

前　言

植物组织培养技术是根据植物细胞全能性的理论，利用植物离体器官、组织或细胞，如根、茎、叶、花、果实、种子、胚、胚珠、子房、花药、花粉以及贮藏器官的薄壁组织、维管束组织等，在无菌条件下，利用适宜的人工培养基及光照、温度，诱导出愈伤组织、不定芽、不定根，最后形成完整植株。至今，世界各国在无性系繁殖、育种、植株脱病毒和种质保存等方面，都广泛应用组织培养技术，它已成为现代生物技术研究的重要技术工具。

近40年来，植物组织培养技术得到了迅速发展，大量名贵花卉、苗木、药用植物及部分大田作物的工厂化培养技术已经成熟，形成了组织培养产业，产生了巨大的经济效益和社会效益。植物组织培养技术在生产中的应用现状及其理论研究的成绩促使我们必须将国内外先进的实验内容和技术反映到教学中去。因此，根据研究和教学要求，参考相关书籍和大量研究论文，在总结历年来教学实践经验的基础上，精选在教学和科研中的一些实验方法，同时收集部分国内外较先进的实验方法，编写了《植物组织培养实验指导》。该实验指导是《植物组织培养》（王蒂主编）一书的配套教材，其特点是对实验原理具有较详细的阐述，能够使学生在实验前很好地掌握实验背景和原理，具有很强的实用性。实验材料的选择、设计、操作和结果分析，一般都经过反复的实验或生产实践。

全书共29个实验。其中实验一、二由陈利萍编写；实验三、九、二十八、二十九由赖钟雄编写；实验四、五、七、八、十二、十三、十八、附录、附表1、附表2、附表3由张俊莲、司怀军、王蒂编写；实验六、十九、二十一至二十七由刘学春编写；实验十、十一由陈劲枫编写；实验十四至十七、二十由朱延明、李杰编写。全书由王蒂、张俊莲、司怀军统稿。该教材的完成参考了许多学者的研究成果，在此一并表示感谢；引用的文字、图片资料未能在文中一一标注，敬请原谅。

由于水平有限，书中的缺点和错误在所难免，请不吝指教，以便今后补充修订。

王　蒂

2008年3月

学生实验守则

一、实验前预习实验教材，明确实验目的、原理、要求及方法，熟悉所用仪器设备的性能及操作规程，做好实验准备。

二、进入实验室，要严格遵守实验室各项规章制度，衣着及所携带物品符合实验要求。

三、保持室内安静、整洁，不乱扔纸屑、乱倒废物及实验产生的废料，不高声喧哗，严肃自律，不影响他人实验。

四、实验时要遵从老师指导，遵守操作规程，认真操作，仔细观察，积极思考，努力培养分析和解决问题的能力。

五、如实记录实验数据，分析实验现象，不抄袭他人实验记录，做完实验认真复查，如有错漏，及时更正或补做。

六、爱护仪器设备，节约水、电、试剂、药品和器材。凡损坏或丢失仪器、材料、工具等，均应及时报告并登记，按规定处理。

七、实验结束要整理实验台面，收好实验仪器、器材，打扫卫生。离开实验室前，要切断电源、水源、气源。

八、按时完成实验报告，认真做好实验后的复习和总结，真正掌握所学知识。

植物组织培养实验报告的书写

实验报告是对实验过程和结果的真实记录，内容主要包括实验人员简况、实验目的、实验原理、实验材料和用具、实验方法或步骤、实验结果、实验收获与体会、存在问题和改进意见等。

1. 实验人员简况 主要包括学生所在学院名称、专业名称、年级、姓名、实验分组、实验日期等信息。

2. 实验目的 实验目的概述。

3. 实验原理 实验原理概述。

4. 实验材料和用具 包括实验指导所列实验材料和用具、指导教师和实验室管理人员准备实验时所需材料和用具、学生实验时所需实验材料和用具。撰写实验报告时仅对自己实验过程中实际使用的实验材料和用具进行叙述。

5. 实验方法或步骤 实验过程中实际使用的实验方法或步骤的简要描述。

6. 实验结果报告 实验结果报告的形式可以根据实验内容的不同分为文字描述、绘图和制表三种形式。

（1）文字描述。将实验所得结果客观地加以描述，进行必要的统计、分析，文字应准确、简练。

（2）绘图。①对于结构观察的实验内容，将所观察对象在显微镜下的观察视野图及形态结构，通过绘图的方式表达出来。绘图应使用铅笔，绘制的图形应真实、准确地反映所观察结果，必要时对图形内结构用引线做文字注明。不可抄袭教材或他人的绘图。②有些实验结果可用图形表达信息，主要表明自变量和因变量之间的关系，应使用坐标纸以两个垂直的轴线表明这种关系，每个数轴都要有说明性的标注、准确的测量单位和参照标记。

（3）制表。使用表格可以简单、准确、有条理地表示数值型数据结果，它能有效地压缩和展示实验结果，并有助于详尽地对数据进行比较。表格应该包括：①标题：表格要有标题，必要时写上参考标注和日期；②行和列的表头：行和列的表头分别附上合适的测量单位，将相关数据或特性按类别垂直列出，用行展示不同的实验处理、生物类型等，对照值常放在表格的开头，相互比较的列要靠在一起；③数据值：引用有意义的有效数字，根据需要列出统计参数；④脚注：解释缩写符号、修饰符号及其他细节。

7. 实验收获与体会、存在问题和改进意见 通过实验是否达到实验的目的；是否理解或掌握实验原理；在实验过程中发现哪些问题，并提出实验改进意见。

目　录

前言
学生实验守则
植物组织培养实验报告的书写

实验一　培养基配制及其灭菌 …… 1
实验二　外植体灭菌及其初代培养物的建立 …… 6
实验三　胡萝卜和龙眼胚状体的诱导 …… 9
实验四　葡萄离体茎段快速繁殖 …… 13
实验五　烟草和百合叶（鳞）片不定芽诱导及完整植株形成 …… 17
实验六　菊花茎尖与花瓣组织培养 …… 20
实验七　马铃薯茎段愈伤组织诱导及其分化 …… 24
实验八　马铃薯茎段快繁和试管薯的诱导 …… 28
实验九　杨树和相思树离体快繁 …… 32
实验十　葡萄的胚珠培养 …… 37
实验十一　马铃薯和烟草的花药培养 …… 40
实验十二　烟草叶片单细胞分离和培养 …… 43
实验十三　马铃薯细胞悬浮培养 …… 48
实验十四　香蕉细胞悬浮培养 …… 52
实验十五　烟草叶肉原生质体分离、活力测定和培养 …… 56
实验十六　胡萝卜悬浮培养细胞的原生质体分离与培养 …… 61
实验十七　烟草和胡萝卜体细胞原生质体的聚乙二醇法融合 …… 64
实验十八　马铃薯体细胞原生质体的电融合 …… 68
实验十九　马铃薯茎尖培养脱毒 …… 72
实验二十　苹果茎尖培养脱毒 …… 75
实验二十一　蝴蝶兰茎尖组织培养 …… 78
实验二十二　香石竹茎尖培养脱毒 …… 81
实验二十三　植物病毒的机械传染技术 …… 83
实验二十四　琼脂糖双向免疫扩散技术 …… 86
实验二十五　酶联免疫吸附技术 …… 90

实验二十六　植物样品电镜超薄切片制备技术 …… 94
实验二十七　植物病毒样品的负染色技术 …… 105
实验二十八　龙眼和枸杞胚性愈伤组织的超低温保存 …… 109
实验二十九　柑橘和葡萄试管苗的生长抑制剂保存 …… 112

附录　植物组织培养实验室的基本操作技术 …… 115
附表 1　部分植物培养基成分 …… 122
附表 2　培养瓶中培养物的表现、可能原因及改进措施 …… 132
附表 3　植物组织培养基中常用化合物的相对分子质量 …… 134
主要参考文献 …… 135

实验一　培养基配制及其灭菌

植物组织培养的成功与否，除了与培养材料本身因素有关外，很大程度上取决于对培养基（medium）的选择和制备。培养基的种类、营养成分、pH 等均会影响培养材料的生长发育。因此，了解培养基相关知识背景、掌握培养基制备的基本方法及其灭菌技术是进行植物组织培养必备的基本技术之一。本实验以 MS（Murashige & Skoog）（1962）基本培养基为例进行培养基制备及灭菌介绍。

一、实验目的

巩固培养基相关理论基础知识，掌握培养基制备方法及灭菌技术。

二、实验原理

培养基是植物离体培养组织和细胞赖以生存的营养基质，是为离体培养材料提供近似生物体内生存的营养环境。培养基中的营养元素在生物体内的生理作用主要有四方面：①组成各种化合物，参与有机体的构造，成为结构物质；②构成一些特殊的生理活性物质，参与活跃的生理代谢；③元素间相互协调，维持离子浓度平衡、胶体平衡、电荷平衡等电化学方面的作用；④调节形态发生和组织器官的建成。

培养基一般包括无机盐、有机化合物和植物生长调节物质三大基本组成成分。目前已经研制出多种适宜各种培养材料生长的培养基配方，其中 MS 培养基由于其无机盐浓度较高，尤其是铵盐和硝酸盐含量高，能满足快速增长的组织对营养元素的需求而被广泛应用。

培养基的 pH 一般被调节到 5.0～6.0，最常用的 pH 为 5.6～5.8。pH 过高，培养基会变硬；pH 过低，则影响培养基的凝固。调整 pH 时，常用 NaOH 和 HCl（浓度为 1mol/L 或 0.1mol/L）。

配制培养基时，为了减少试剂称取时的工作量和少量称取时出现的误差，以及避免多种营养成分混合导致沉淀产生或相互反应而失去培养效果，预先要将各种营养成分配制为不同组分的培养基母液（stock solution）。母液的浓度为培养基浓度的 10 倍、100 倍或更高。MS 培养基的母液常常配制为大量元素母液

(10 倍液)、微量元素母液(100 倍液)、铁盐母液(100 倍液)及有机物质母液(100 倍液)(不包括蔗糖)四类。除营养成分要配制成母液外，培养基中经常附加的各种植物生长调节物质也要配成母液贮存，使用时按浓度定量吸取加入。

配制好的培养基含有大量杂菌，应立即进行灭菌。培养基灭菌方法有高压蒸汽灭菌(autoclaving)和过滤除菌(filter sterilization)。培养基中遇高温不分解或低分解的成分采用高压蒸汽灭菌，如无机盐、有机化合物等，而遇高温分解的成分则采用过滤除菌，如某些植物生长调节类物质等。高压蒸汽灭菌通过手提式高压蒸汽灭菌锅或自动蒸汽灭菌锅来完成，过滤除菌采用滤膜孔径为 $0.22\sim0.45\mu m$ 的滤器完成。

三、实验材料和用具

1. 实验药品

①MS 基本培养基：包括大量元素、微量元素、铁盐和有机物质，即大量元素：KNO_3、NH_4NO_3、$MgSO_4 \cdot 7H_2O$、KH_2PO_4、$CaCl_2 \cdot 2H_2O$；微量元素：$MnSO_4 \cdot 4H_2O$、$ZnSO_4 \cdot 7H_2O$、H_3BO_3、KI、$NaMoO_4 \cdot 2H_2O$、$CuSO_4 \cdot 5H_2O$、$CoCl_2 \cdot 6H_2O$；铁盐：Na_2-EDTA、$FeSO_4 \cdot 7H_2O$；有机物质：甘氨酸、盐酸硫胺素、盐酸吡哆醇、烟酸、肌醇、蔗糖。

②生长调节物质：IAA、IBA、NAA、2，4-D、KT、ZT、6-BA、GA_3、ABA。

③其他药品：1mol/L NaOH、1mol/L HCl、95%酒精、灯用酒精、琼脂。

2. 实验用具 天平、烧杯、量筒、玻璃棒(搅拌器)、吸耳球、移液管、移液枪、试剂瓶、试管、培养器皿、酸度计(或 pH 试纸)、加热器(微波炉)、纯水器、冰箱、高压灭菌锅、蒸馏水器、培养基分装仪(或试管架和漏斗)、封口膜(或棉塞和牛皮纸)、脱脂棉、线绳(或橡皮筋)、微孔滤膜($0.22\sim0.45\mu m$)、过滤器、注射器。

四、实验步骤

1. MS 培养基母液的配制

(1) 大量元素母液(母液 1)。分别称取 10 倍用量的各种大量无机盐(各类母液成分、浓度、用量见表 1)，把 Ca^{2+} 与 SO_4^{2-}，Ca^{2+}、Mg^{2+} 与 PO_4^{3-} 分别溶解，然后按顺序混合在一起，最后加水定容至 1 000ml，装入棕色试剂瓶中，冰箱内冷藏室保存备用。

（2）微量元素母液（母液 2）。分别称取 100 倍用量的微量无机盐，依次溶解于 800ml 水中，最后加水定容至 1 000ml，装入棕色试剂瓶中，冰箱内冷藏室保存备用。

（3）铁盐母液（母液 3）。称取 100 倍用量的 Na_2 - EDTA 和 $FeSO_4 \cdot 7H_2O$，分别溶解，然后同时混入 800ml 水中，加水定容至 1 000ml，装入棕色试剂瓶中，冰箱内冷藏室保存备用。

（4）有机物质母液（母液 4）。分别称取 100 倍用量的各种有机物质，依次溶解于 400ml 水中，加水定容至 500ml，装入棕色试剂瓶中，冰箱冷藏室保存备用。

表 1　MS 培养基母液的配制

母液类别（扩大倍数）	成　分	规定量（mg）	称取量（mg）	母液体积（ml）	配 1L 培养基的吸取量（ml）	保存方法
母液 1（10 倍）	KNO_3	1 900	19 000	1 000	100	冷藏
	NH_4NO_3	1 650	16 500			
	$MgSO_4 \cdot 7H_2O$	370	3 700			
	KH_2PO_4	170	1 700			
	$CaCl_2 \cdot 2H_2O$	440	4 400			
母液 2（100 倍）	$MnSO_4 \cdot 4H_2O$	22.30	2 230	1 000	10	冷藏
	$ZnSO_4 \cdot 7H_2O$	8.6	860			
	H_3BO_3	6.2	620			
	KI	0.83	83			
	$NaMoO_4 \cdot 2H_2O$	0.25	25			
	$CuSO_4 \cdot 5H_2O$	0.025	2.5			
	$CoCl_2 \cdot 6H_2O$	0.025	2.5			
母液 3（100 倍）	Na_2—EDTA	37.25	3 725	1 000	10	冷藏
	$FeSO_4 \cdot 7H_2O$	27.85	2 785			
母液 4（100 倍）	甘氨酸	2.0	200	500	5	冷藏
	盐酸硫胺素	0.4	40			
	盐酸吡哆醇	0.5	50			
	烟酸	0.5	50			
	肌醇	100	10 000			

注：配制好的母液，在瓶上应注明母液类别、配制倍数、日期。发现母液有霉菌或沉淀变质时，应重新配制。

2. 植物生长调节物质母液的配制　植物生长素类物质，如 IAA、IBA、NAA 和 2,4 - D，可先用少量 95％酒精溶解，再用水定容；植物细胞分裂素类物质，如 KT、ZT 和 6 - BA，可用少量 1mol/L 的 NaOH 溶解，再加水定容。配制好的溶液装入试剂瓶或试管中，需过滤除菌的溶液利用无菌滤器抽滤除菌到无菌试管或试剂瓶中，冰箱内冷藏或冷冻保存备用。IAA、IBA和ZT溶液应避光保存。具体的配制、保存与灭菌方法见表2。

表2 植物生长调节物质溶液的配制与保存

种类	名称	相对分子质量	试剂保管	溶解方法	保存方法	高压灭菌
生长素	IAA	175.19	冷冻	95%乙醇	冷冻避光	○～△
	IBA	203.23	冷藏	95%乙醇	冷冻避光	○～△
	NAA	186.21	室温	95%乙醇	冷藏	○
	2,4-D	221.04	室温	95%乙醇	冷藏	○
细胞分裂素	KT	215.21	冷冻	1mol/L NaOH	冷藏	○
	ZT	219.20	冷冻	1mol/L NaOH	冷冻避光	×
	6-BA	225.25	室温	1mol/L NaOH	冷藏	○
其他	GA_3	346.38	室温	95%乙醇	冷藏	×～△
	ABA	264.32	冷冻	1mol/L NaOH	冷冻避光	○～△

注：①配制好的母液，在瓶上应注明溶液种类、浓度、日期。发现溶液有霉菌或沉淀时，应该重新配制。②高压灭菌：○——可以；△——有部分分解；×——需过滤除菌。

3. MS固体培养基的配制、分装和灭菌（以配制1 000ml培养基为例）

（1）取出母液和植物生长调节剂溶液并按顺序放好，冷冻的贮藏液融化待用。将洁净的各种器皿如量筒、烧杯、移液管、移液枪和玻璃棒等放在合适位置。

（2）取一只1L烧杯，放入约500ml蒸馏水，依次加入母液1（100ml）、母液2（10ml）、母液3（10ml）和母液4（5ml），并不断搅拌。

（3）根据培养基配方加入植物生长调节物质（不加过滤除菌的生长调节物质）和30g蔗糖，待蔗糖溶解后加蒸馏水定容至1L。

（4）加入琼脂（通常5.0～7.0g/L），加热使其完全溶解。

（5）调整pH，用预先配好的氢氧化钠或盐酸进行调整（图1）。

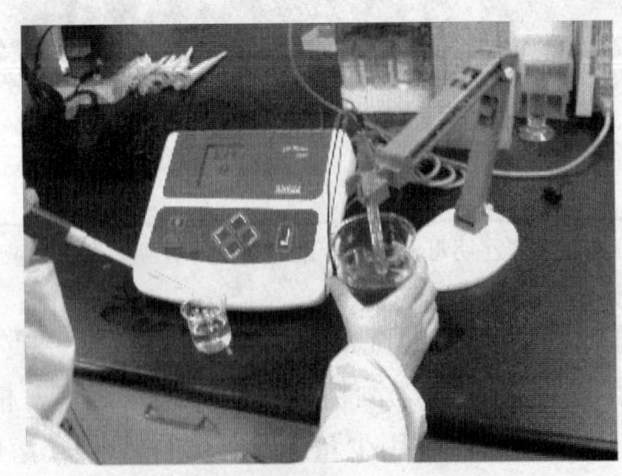

图1 培养基的pH调整

（6）将培养基分装到培养器皿中，封好瓶口。培养器皿加入培养基的量依其大小而定，如150ml的培养瓶可加入约50ml的培养基。

（7）灭菌（图2）。用高压蒸汽灭菌锅在121℃、0.105Pa条件下灭菌15～20min。高压蒸汽灭菌锅的操作按仪器操作步骤进行（操作说明应贴在高压锅或旁边墙上）；灭菌后待高压锅压力下降到0Pa时取出，凝固后待用。需加入过滤除菌的生长调节物质，在培养基温度降至40～50℃时，在超净工作台上将其加入，充分混合后静置凝固。

图2　培养基高压蒸汽灭菌

高压蒸汽灭菌锅使用时应注意以下几点：①灭菌前应检查锅内是否加有足量的水，以免造成空烧和干烧；②装锅不可过满，锅内应具有一定的空间，有利于蒸汽上下回流，保证灭菌效果；③严格保持压力恒定，遵守灭菌时间，灭菌时间过长或压力过高会影响培养基的有效成分，同时也使培养基pH发生较大幅度变化，灭菌时间过短或压力过低则达不到灭菌效果；④只有当高压锅压力下降到0Pa后，才能开启压力锅，以免产生危险。

五、实验报告及思考题

1. 分组进行培养基母液的配制，然后每人配制5瓶MS基本培养基。
2. 培养基的各种成分在植物体内的生理作用有哪些？
3. 使用高压灭菌锅进行培养基灭菌时应注意哪些问题？
4. 培养基在制备过程中应注意哪些问题？

实验二　外植体灭菌及其初代培养物的建立

植物组织培养过程中，外植体带菌是污染的主要原因之一。因此，外植体的灭菌是组织培养中重要的工作环节之一。灭菌后的外植体经无菌操作接到合适的培养基上，就可以诱导材料生长，从而建立初代无菌培养体系。

一、实验目的

通过外植体灭菌处理、超净工作台上外植体接种等无菌操作训练，掌握植物组织培养材料灭菌的基本方法以及无菌操作技术，建立初代无菌培养体系。

二、实验原理

从田间或温室中选取的外植体，都不同程度地带有各种微生物。这些微生物一旦带入培养基，便会迅速生长，造成培养基和培养材料污染。因此，外植体必须经过严格的表面灭菌处理。外植体的灭菌是利用各种化学药剂（灭菌剂）对外植体所带的杂菌进行杀灭，从而实现无菌。在实验中要根据材料特点选择合适的灭菌剂及相应浓度与时间进行灭菌处理。常用的灭菌剂处理浓度和灭菌时间见表3。灭菌后外植体需在无菌条件下接种到培养基上。无菌操作所使用的器皿、植物材料操作及操作环境均需无菌化。将接种到培养基上的无菌外植体放在培养室（一定的光照、温度、湿度）里，使之生长，就可以建立起初代培养物的无菌体系。

表3　植物组织培养中常用灭菌剂

名　称	使用浓度（%）	清除难易	灭菌时间（min）	灭菌效果
次氯酸钠	2	易	5～30	很好
次氯酸钙	9～10	易	5～30	很好
漂白粉	饱和溶液	易	5～30	很好
过氧化氢	10～12	最易	5～15	好
溴水	1～2	易	2～10	很好
氯化汞	0.1～1	较难	2～15	最好
酒精	70～75	易	0.2～2	好
抗菌素	4～50mg/L	中	30～60	较好
硝酸银	1	较难	5～30	好

三、实验材料和用具

1. 实验材料　植物的茎、叶、种子等。

2. 实验药品　多种培养基的成分（附表 1）、灯用酒精、75%酒精、2%次氯酸钠、吐温-80、0.1%氯化汞、无菌水。

3. 培养基　适合于接种外植体的各种培养基（附表 1）。

4. 实验用具　超净工作台、无菌滤纸、无菌培养皿、烧杯、镊子、解剖刀、剪刀、镊子架、酒精灯、记号笔、废液罐、酒精喷壶（内装 75%酒精）、培养基器皿（内装配制好的培养基）、火柴、脱脂棉。

四、实验步骤

（1）将需要灭菌的植物材料作适当切割（去掉不需要部分），置烧杯中用流水冲洗干净。易漂浮或细小的材料，可装入纱布袋内冲洗。污染严重时可加入洗衣粉（洗洁净）清洗。

（2）超净工作台用 75%的酒精擦拭干净，将解剖刀（或剪刀）、镊子和镊子架浸入 75%酒精中，再将培养基、无菌滤纸（或无菌培养皿）、无菌水、废液缸、酒精灯一同放入超净工作台中。打开超净工作台的紫外灯进行灭菌处理 15min。

（3）操作人员用肥皂洗净双手，再用 75%酒精喷洗双手和盛放植物材料的烧杯外壁，将烧杯带入超净工作台上。点燃酒精灯，把镊子、解剖刀（或剪刀）、镊子架等接种用具在酒精灯火焰上灼烧灭菌，待冷凉后将镊子架置超净工作台上，镊子和解剖刀放在镊子架上备用。

（4）烧杯中的植物材料先用 75%的酒精灭菌 30s（不断搅拌），倒掉酒精，用无菌水冲洗 3 次后，再用 2%次氯酸钠灭菌 15min 左右（灭菌时间长短与植物材料特性有关）。为了使植物表面灭菌彻底和均匀，可以在灭菌溶液中滴加几滴吐温-80，不断搅拌使植物材料和灭菌溶液充分接触。

（5）将烧杯中的次氯酸钠倒入废液罐，灭菌材料用无菌水冲洗 3～5 次。用镊子取出无菌滤纸。取出外植体置于无菌滤纸上，用镊子和解剖刀（或剪刀）对外植体进行分割（图 3），叶片为 0.5cm^2 左右，茎段约 0.5cm 大小。

（6）打开培养基器皿的盖子，瓶口在酒精灯上烧一下。将切割好的外植体接种到培养基中，操作在酒精灯周围进行。

图 3　工作人员进行无菌操作

(7) 接种材料后的培养基器皿口再放到酒精灯上烧一下，盖上盖子。标记植物材料名称、接种日期等。

(8) 接种后的植物材料放入具有控制温度、光照和湿度等条件的培养室中，诱导外植体的生长，建立起初代无菌培养体系。

五、实验报告及思考题

1. 每人在已配制的 5 瓶培养基中，接种叶片和茎段外植体，每瓶接种 10 个外植体。置培养室中培养，10d 后统计污染率。

2. 植物材料灭菌时常用哪些灭菌剂？它们的灭菌效果有哪些差异？

3. 简述无菌操作的一般过程。

实验三　胡萝卜和龙眼胚状体的诱导

离体（*in vitro*）条件下植物体细胞胚胎发生（somatic embryogenesis）是植物细胞全能性（totipotency）的最直接体现，是研究植物基因表达和胚胎发育的理想实验体系。植物胚胎是许多农作物的收获器官，与许多经济植物的果实发育有密切关系。例如，果树的胚胎（种子）发育程度与产量、品质直接相关。由于植物体细胞胚与合子胚（zygotic embryo）的高度相似性，开展植物体细胞胚发生机理的研究，对于植物胚胎发育的调控研究具有重要指导意义。另外，植物体细胞胚还可用于离体繁殖、人工种子制作、遗传转化、离体种质保存以及作为生物反应器生产有用的次生物质等。目前，胡萝卜、苜蓿、枸杞、龙眼、松树类等植物已经建立比较成熟的体细胞胚发生实验系统。本实验以胡萝卜下胚轴和龙眼幼胚为基础材料，诱导出胡萝卜和龙眼的愈伤组织，再以愈伤组织为材料，学习并掌握胡萝卜及龙眼胚状体的诱导方法。

一、实验目的

熟悉并掌握植物胚状体诱导的原理及其基本操作过程。

二、实验原理

胚状体亦称体细胞胚或体胚，即在体外由体细胞产生的类似胚胎的结构。某些植物以特定部位为外植体，通过组织培养，在特定条件下可产生胚状体，其发育过程与合子胚类似，即经过原胚、球形胚、心形胚、鱼雷形胚及子叶形胚等（图 4）。胚状体发生的最早阶段就具有两极性，即根端（胚根）和茎端（胚芽），与母体细胞或外植体的维管束无直接联系（图 5），这与器官发生不同。一些植物，特别是木本植物的胚状体，需要经过一定时间的高渗透压成熟培养，才能正常萌发成苗。

生长素是诱导体细胞胚发生的关键因素，也是诱导胚发生中研究最多的植物生长调节剂。已经证明，在很多植物中它是胚发生所必需的，其中 2,4-D 应用最为广泛。据统计，57.7％的植物体细胞胚诱导阶段均使用 2,4-D。当然，细胞分裂素在体细胞胚发生中也被证明是有作用的，包括单独作用及其与生长素共同作用，如核桃体细胞胚发生的主要生长调节剂是细胞分裂素。此外，植物体细胞胚发生还受细胞内外其他多种因子调控，需植物生长调节剂和其他条件共同作用，如植物的基因型及其生理状态、光质、碳源、培养方式以及培养基中不同离子的浓度等。但这些因素诱导植物体细胞胚发生的作用程度不尽相同，而且多数植物只有各种因素配合使用时才能快速、高效地诱导出体细胞胚。

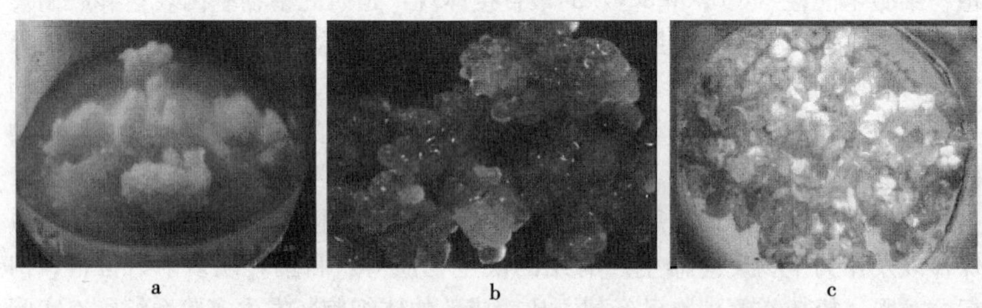

图 4　龙眼体细胞胚发生各个阶段状态

a. 胚性愈伤组织　b. 球形胚　c. 子叶形胚

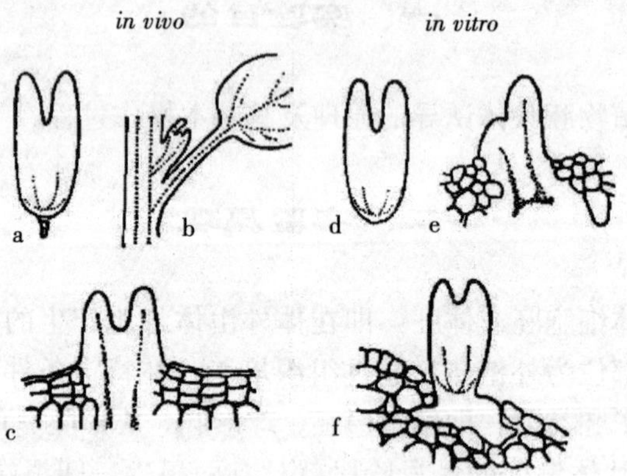

图 5　活体（*in vivo*）和离体（*in vitro*）条件下胚（a、d、f）与芽（b、c、e）的下端在解剖学上的差别

植物体细胞胚的发生机制非常复杂，植物生长调节物质对细胞分化、发育和形态建成起着关键作用。在激素的作用过程中，Ca^{2+} 信号系统可能是重要的介导者之一。Ca^{2+} 和 CaM 在植物合子胚和体细胞胚发生中都具有重要作用，其作用机理可能是植物激素通过 Ca^{2+} 第二信号系统直接或间接地调控基因表达而实现的。

三、实验材料和用具

1. 实验材料　胡萝卜下胚轴、龙眼幼胚。

2. 实验药品　MS基本培养基、琼脂、75%酒精、工业酒精、0.1%氯化汞、2,4-D、KT、$AgNO_3$、无菌水。

3. 培养基

①胡萝卜下胚轴愈伤组织诱导培养基（S1）：MS+0.1mg/L 2,4-D+4～6g/L琼脂。

②胡萝卜下胚轴胚状体诱导培养基（S2）：MS+4～6g/L琼脂。

③龙眼幼胚诱导胚性愈伤组织培养基（S3）：MS（不含蔗糖）+1.0～2.0mg/L 2,4-D+20g/L蔗糖+6～7g/L琼脂。

④龙眼愈伤组织交替继代培养基（S4）：MS（不含蔗糖）+1.0mg/L 2,4-D+5mg/L $AgNO_3$+0.5mg/L KT+20g/L蔗糖+6～7g/L琼脂。

⑤龙眼胚状体诱导和萌发培养基（S5）：MS（不含蔗糖）+20g/L蔗糖+6～7g/L琼脂。

⑥龙眼胚状体成熟培养基（S6）：MS（不含蔗糖）+50g/L蔗糖+7～8g/L琼脂。

4. 实验用具　超净工作台、高压蒸汽灭菌锅、倒置显微镜、体视显微镜、蒸馏水器、pH试纸、电子天平、酒精灯、解剖刀、镊子、试管、三角瓶、培养皿、烧杯、移液管、量筒、记号笔、封口膜、脱脂棉、火柴、小烧杯、废液杯、刀片、无菌滤纸、线绳。

四、实验步骤

1. 外植体的选择与处理

（1）取材。胡萝卜取下胚轴，龙眼取花后40～50d的幼果。

（2）灭菌。将胡萝卜下胚轴用洗衣粉溶液浸泡8～10min，自来水下冲洗干净，在超净工作台上用75%酒精消毒处理30s，取出后置于0.1%氯化汞中消毒5～8min，无菌水冲洗4～5次。将龙眼幼果用洗衣粉溶液浸泡8～10min，自来水下冲洗干净，在超净工作台上用75%酒精消毒处理30s，取出后置于0.1%氯化汞中消毒10min，无菌水冲洗4～5次。

2. 愈伤组织诱导

（1）胡萝卜下胚轴接种与培养。在无菌条件下将下胚轴剪成0.5cm左右小段，接种到S1培养基上，在25℃恒温培养箱中进行暗培养。经过约35d培养后，可获得呈黄色、比较疏松、分散性好、生长旺盛的愈伤组织。

（2）龙眼幼胚接种及培养。在无菌条件下细心取出幼胚，注意不要碰伤。此时幼胚一般处于子叶形时期，多数直径2～3mm。将幼胚接种于S3培养基上，在25℃±2℃下进行暗培养。经过30d左右的培养可获得淡黄色、松散、颗粒细小的胚性愈伤组织。将诱导出来的愈伤组织每隔20d交替接种在S3和S4培养基上，进行交替继代培养。

3. 胚状体诱导

（1）胡萝卜胚状体诱导。将生长良好的愈伤组织接种到S2培养基上，在25℃恒温光照培养箱中进行光照（2 000～3 000 lx）培养。愈伤组织接入S2诱导培养基2d左右开始转绿，逐渐在愈伤组织表面出现白色颗粒物，即为胚状体；30d后胚状体抽芽成苗，生长较快。

（2）龙眼胚状体诱导。将龙眼生长状态良好的胚性愈伤组织接种到S5胚状体诱导和萌发培养基上。在25℃±2℃黑暗条件下，培养20d左右可获得球形胚，到30d时有少量子叶形胚出现，40d可获得大量同步化的子叶形胚。将子叶形胚接种到S6胚状体成熟培养基上，经过75d培养，获得成熟体胚，成熟体胚在无激素低糖培养基上即可快速萌发成苗。

五、实验报告及思考题

1. 配制胡萝卜或龙眼胚状体诱导所需的各种培养基。

2. 每人接种3瓶胡萝卜或龙眼外植体，每瓶接种10～20个，根据需要定期进行继代和诱导，实验结束后统计胚状体诱导率。

3. 诱导植物胚状体过程中，用体视显微镜观察胚状体发生的各个阶段的形态变化。

4. 体细胞胚状体与合子胚有何不同？区别在哪里？

实验四　葡萄离体茎段快速繁殖

植物离体无性繁殖简称离体繁殖（*in vitro* propagation）、微型繁殖（micropropagation）或快速无性繁殖（rapid clone propagation），是指利用植物组织培养方法进行植物离体培养，在短期内获得大量遗传性一致个体的方法。离体茎段快速繁殖是农业生物技术的重要组成之一，其特点是繁殖速度快，占用空间少，遗传稳定性好，便于种质保存与交换。葡萄离体茎段快速繁殖可加快葡萄优良品种的繁殖和推广，同时为发展无病毒葡萄栽培、外源基因导入、葡萄体细胞胚诱导发育及种质资源保存创造条件。

一、实验目的

了解和掌握离体无性繁殖器官发生方式中无菌短枝发生型的特点及操作过程。

二、实验原理

植物离体快速无性繁殖时，短枝发生型是指带叶茎段，在适宜的培养环境中萌发，形成完整植株，再将其剪成带叶茎段，继代再成苗的方法。该方法与田间枝条的扦插繁殖方法类似，故又称为微型扦插。能一次成苗，遗传性状稳定，培养过程简单，移栽成活率高。花卉和葡萄离体繁殖常用此方法（图 6）。

影响葡萄离体茎段快速繁殖的因素主要有：①品种。葡萄的不同种、品种和品系对培养基和培养条件有不同的要求。②继代次数。有些材料随继代次数和继代时间的增加，其再生能力和繁殖速度有下降的趋势，如果试管繁殖代数超过 5 年，应从优株上采取新芽来重新获取无菌苗。③培养基成分。培养基成分适宜与否，对葡萄繁殖影响较大，一般多采用 MS、B_5、GS、C_2D 等，其中 GS 培养基适宜大多数品种离体茎段的快速增殖。在培养基中添加 6 - BA 能促进葡萄不定胚的分化和茎尖丛生芽的形成，在茎尖培养、芽的增殖和根茎同时生长时可加入 IAA 和 IBA。④培养条件。培养条件中光照度、光周期、温度和培养容器等对葡萄繁殖速度均有影响，一般用 2 000～3 000 lx 日光灯，培养温度为（25±2）～（30±2）℃。

图6　茎段外植体产生的四种培养产物

a. 叶子花茎段产生的单苗　b. 海棠茎段产生的丛生芽

c. 葡萄茎段产生的完整植株　d. 葡萄茎段产生的愈伤组织

三、实验材料和用具

1. 实验材料　葡萄盆栽扦插苗或田间嫩枝。

2. 实验药品　GS 基本培养基（表 4），即大量元素：$(NH_4)_2SO_4$、KNO_3、$CaCl_2 \cdot 2H_2O$、$MgSO_4 \cdot 7H_2O$、NaH_2PO_4；铁盐：Na_2 - EDTA、$FeSO_4 \cdot 7H_2O$；微量元素：$MnSO_4 \cdot H_2O$、$ZnSO_4 \cdot 7H_2O$、H_3BO_3、KI、$CuSO_4 \cdot 5H_2O$、$CoCl \cdot 6H_2O$；有机物质：盐酸硫胺素、盐酸吡哆醇、烟酸、肌醇、蔗糖；琼脂、70％酒精、灯用酒精、0.1％氯化汞溶液、无菌水、IBA。

表4　GS基本培养基成分表

化学成分	用量（mg/L）	化学成分	用量（mg/L）
$(NH_4)_2SO_4$	67	H_3BO_3	1.50
KNO_3	1 250	KI	0.375
$CaCl_2 \cdot 2H_2O$	150	$CuSO_4 \cdot 5H_2O$	0.012 5
$MgSO_4 \cdot 7H_2O$	125	$CoCl \cdot 6H_2O$	0.012 5
NaH_2PO_4	175	盐酸硫胺素	10
Na_2－EDTA	18.65	盐酸吡哆醇	1
$FeSO_4 \cdot 7H_2O$	13.90	烟酸	1
$MnSO_4 \cdot H_2O$	5	肌醇	25
$ZnSO_4 \cdot 7H_2O$	1	蔗糖	15 000

3. 培养基　葡萄茎段生长、继代和生根培养基：GS＋0.2mg/L IBA＋4～6g/L 琼脂。

4. 实验用具　超净工作台、高压蒸汽灭菌锅、蒸馏水器、酸度计、天平、弯头镊子、剪刀、酒精灯、酒精缸、试管、培养皿、三角瓶、移液管、量筒、低温冰箱、封口膜、脱脂棉、火柴、废液缸、记号笔、加盖小烧杯、无菌滤纸、广口瓶、线绳。

四、实验步骤

1. 实验材料的灭菌　将葡萄上部嫩枝或扦插苗的嫩梢剪下带回实验室，流水冲洗干净。在超净工作台上，用无菌操作技术剪取嫩梢，除去叶片，剪成单芽茎段，放在无菌广口瓶中。倒入无菌水浸泡和冲洗，然后倒掉无菌水，加入0.1%氯化汞浸没材料，并摇动灭菌5～8min，无菌水冲洗3～5次。无菌滤纸吸干后备用。

2. 接种和培养　将灭菌过的单芽茎段剪去伤口药面，将嫩枝下端插入灭菌后的培养基中，每瓶接一个茎段，标号登记，放入培养室中培养。培养条件为温度25～28℃，光照时间16h/d，光照度为2 000～3 000 lx。经过15d的培养，腋芽开始萌动；25d左右第一片叶展开；35～40d形成具有5片叶的小苗。根的发生在25d左右。

3. 继代和生根培养　当试管苗长到5～8片叶时，进行继代培养，即将试管苗剪成带叶单芽茎段，转接在培养基中，每瓶转接4株。一般5～7d开始生根，25～30d成苗。

五、实验报告及思考题

1. 每人接种 10～20 瓶葡萄茎段并进行培养，记载茎段污染率，并观察继代和生根培养基中外植体发育成小植株的全过程。

2. 说明葡萄离体茎段快速繁殖的原理及其优缺点。

实验五　烟草和百合叶（鳞）片不定芽诱导及完整植株形成

采用组织培养技术，从植物外植体上诱导不定芽再生成的完整植株，其遗传稳定性好，繁殖率高，可作为快速繁殖和研究器官建成规律的一条重要途径，同时对于体细胞诱变育种和转基因研究等具有重要意义。

一、实验目的

了解离体无性繁殖器官发生方式中不定芽发生型的特点，进一步熟练无菌操作过程。

二、实验原理

植物离体无性繁殖时，因植物种类、外植体类型、培养基成分和培养方法的不同，器官再生途径也有很大差异，一般可分为五种类型，即短枝发生型、丛生芽发生型、不定芽发生型、胚状体发生型和原球茎发生型。其中不定芽发生型是指外植体经过脱分化形成愈伤组织，然后经过再分化诱导愈伤组织产生不定芽，或直接从叶、茎、鳞片等外植体上诱导不定芽，再将芽苗转移到生根培养基中，经培养获得完整植株的繁殖方法。有时将从愈伤组织途径再生不定芽的方式称为器官发生型，将外植体直接再生不定芽的方式称为器官型。

器官型的特点是繁殖率高，遗传稳定性好，但繁殖速度较慢。其不定芽形成的技术关键是要满足外植体对营养条件的要求，并控制好激素浓度，避免愈伤组织发生。烟草、百合等植物的叶（鳞）片组织可通过器官型诱导不定芽再生成完整植株（图7）。

图7　烟草叶片再生不定芽

三、实验材料和用具

1. 实验材料 新鲜的烟草幼叶、百合鳞片。

2. 实验药品 MS基本培养基、琼脂、70%酒精、灯用酒精、0.1%氯化汞、15%次氯酸钠、无菌水。

3. 培养基

①烟草叶片诱导芽培养基（Y1）：MS＋0.5 mg/L 6-BA＋0.1 mg/L NAA＋0.1mg/L IBA＋4～6g/L 琼脂。

②烟草小苗继代培养基（Y2）：MS＋1mg/L 6-BA＋0.05mg/L NAA＋0.05mg/L IBA＋4～6g/L 琼脂。

③烟草生根培养基（Y3）：MS＋3mg/L NAA＋4～6g/L 琼脂。

④百合鳞片不定芽诱导培养基（B1）：MS＋2 mg/L 6-BA＋0.5mg/L NAA＋4～6g/L 琼脂。

⑤百合不定芽增殖培养基（B2）：MS＋1mg/L 6-BA＋0.1 mg/L NAA＋4～6g/L 琼脂。

⑥百合生根培养基（B3）：MS＋0.1mg/L NAA＋4～6g/L 琼脂。

4. 实验用具 超净工作台、高压蒸汽灭菌锅、蒸馏水器、酸度计、天平、酒精灯、解剖刀、剪刀、镊子、试管、培养皿、三角瓶、低温冰箱、烧杯、移液管、量筒、酒精缸、玻璃记号笔、封口膜、脱脂棉、火柴、加盖小烧杯、废液杯、刀片、无菌滤纸、线绳。

四、实验步骤

1. 材料制备和灭菌 选取生长健壮、无病虫害的烟草伸展幼叶，或外形较大饱满、颜色纯白、健壮无病虫害的百合鳞片（剥去外部干皮或破损的鳞片），用自来水冲洗干净，滤纸吸干。在超净工作台上将叶片或鳞片先用70%酒精浸泡30s，再用0.1%氯化汞浸泡5～10min，或在15%次氯酸钠溶液中浸泡10～15min（浸泡过程中摇动3～4次），然后用无菌水冲洗3～5次，以彻底清除残留在材料表面上的药液。置于无菌培养皿内的滤纸上，并加少量无菌水以防叶片组织干化。

2. 接种、培养与观察 将灭菌后的烟草叶片和百合鳞片切成0.5cm见方的小块，平放接种于Y1或B1诱导培养基上。培养条件为温度23～25℃，光照度1 500～2 000 lx，每天光照9～10h。每隔3～7d观察一次，剔除污染，并给予记录。

3. 继代和增殖培养　从生芽形成后，切割从生芽并转移到 Y2 继代培养基或 B2 不定芽增殖培养基中，培养 20～30d 后，可获得大量从生苗。

4. 生根培养　从生苗高 2cm 左右时，切取无根苗移到 Y3 或 B3 生根培养基上，可形成根系。

五、实验报告及思考题

1. 每人接种 5 瓶烟草叶片和百合鳞片并进行培养，观察和记载叶片或鳞片形成不定芽及在继代培养基和生根培养基中发育成小植株的全过程。

2. 说明用叶（鳞）片组织诱导不定芽进行快速繁殖的优缺点。

实验六　菊花茎尖与花瓣组织培养

菊花是异质六倍体，遗传背景复杂，杂交后代性状分离严重，并且自交不亲和性高，所以通过自交获得自交系可能性极小，通过杂交培育菊花新品种需要的时间也很长，因此，组织培养技术在菊花品种的改良等方面起着较为重要的作用。目前，菊花的组织培养主要用于新品种选育、新育成品种快速繁殖、优良品种去除病毒和复壮、大量育种材料和品种的保存等，如菊花花瓣培养再生植株的变异频率较高，选育效率高。国内外对菊花组织培养与快速繁殖的研究基本成熟，菊花能够产生再生植株的器官很多，如茎尖、茎段、侧芽、叶、花序梗、花序轴、花瓣等。以快速繁殖为目的，最好采用茎尖或侧芽，其次是花轴；以育种为目的，则可采用花瓣；以脱除病毒为目的，则必须用茎尖，短期内可快速繁殖名贵菊花品种的无病毒苗；以形态发生学研究为目的则可用各种器官。材料丰富时，取样可选无病虫害、粗壮的茎尖和茎段，它们叶密茎粗，接种后生长和分化迅速，无性系后代健壮。

一、实验目的

掌握菊花茎尖脱病毒植株的获得方法，掌握菊花花瓣愈伤组织诱导和完整植株的获得技术。

二、实验原理

菊花茎顶端分生组织一般不带病毒或带毒的可能性很少。切取已感染病毒的菊花茎尖进行离体培养，能够获得脱病毒的强壮健康菊花种苗。然后在隔离条件下进行田间扩大繁殖，获得大量优良种苗。

病毒在植物体内的分布是不均匀的，在茎尖呈梯度分布。受侵染的植株中，顶端分生组织无毒或含毒量极低，其原因可能是：①植物病毒自身不具有主动转移的能力，无论在病植株间还是在病组织内，病毒的移动都是被动的。在植物体内，病毒可通过维管束组织系统长距离转移，转移速度快，而分生组织中不存在维管束。病毒也可以通过胞间连丝在细胞间移动，但速度很慢，难以追赶上活跃生长的茎尖。②在旺盛分裂的细胞中，代谢活性很高，使病毒无法进行复制。③在植物体内可能存在着病毒钝化系统，它在分生组织中比其他任何区域具有更高的活性。④在茎尖中存在高水平内源生长素，可抑制病毒的增殖。茎尖培养主要消除病毒、类病毒、细菌和真菌等病原物。

离体条件下，培养菊花花瓣外植体，诱导其进行脱分化形成愈伤组织，随后使愈伤组织细胞经过再分化形成完整植株，从而获得大量再生植株，这为利用花瓣组织培养选育新品种打下良好的基础。

三、实验材料及用具

1. 实验材料　菊花顶芽或侧芽，菊花初始花蕾或半开放的幼嫩花瓣。

2. 实验药品　MS基本培养基、琼脂、75%酒精、0.1%氯化汞、10%漂白粉、20%次氯酸钠、无菌水、6-BA、NAA、IBA、2,4-D、KT。

3. 培养基

①茎尖愈伤组织诱导培养基（J1）：MS＋2.0mg/L 6-BA＋0.1mg/L NAA＋4～6g/L琼脂。

②愈伤组织分化芽培养基（J2）：MS＋3.0mg/L 6-BA＋0.1mg/L NAA＋4～6g/L琼脂。

③幼苗生根培养基（J3）：1/2MS＋0.1mg/L IBA或NAA＋4～6g/L琼脂；1/2MS＋4～6g/L琼脂。

④花瓣愈伤组织诱导培养基（J4）：MS＋1～3mg/L 6-BA＋0.5～2mg/L NAA＋4～6g/L琼脂；或MS＋2.0mg/L 2,4-D＋1.0mg/L KT＋4～6g/L琼脂。

⑤花瓣芽诱导培养基（J5）：MS＋2mg/L 6-BA＋0.5～1mg/L NAA＋4～6g/L琼脂。

4. 实验用具　超净工作台、光照培养箱、恒温振荡培养箱、高压蒸汽灭菌锅、体视显微镜、解剖刀、解剖针、微波炉或电炉、移液管、量筒、试剂瓶、滴管、培养皿、烧杯、三角瓶、酒精灯、火柴、废液缸、剪刀、弯头镊子、镊子架、封口膜、脱脂棉、无菌滤纸、线绳。

四、实验步骤

1. 菊花茎尖组织培养

（1）取材。选取生长健壮的菊花顶芽或腋芽，放入无菌容器内，在超净工作台上将茎段去叶，用清水反复冲洗，除去表面黏附物，滤纸吸干水分，备用。

(2) 灭菌处理。用75%酒精浸泡灭菌30～60s，无菌水冲洗3～4次；再用10%漂白粉滤液浸泡处理8min，无菌水冲洗3～5次，无菌滤纸吸干。再将材料转入0.1%氯化汞溶液消毒4～5min，无菌水冲洗3～5次，滤纸吸干置无菌培养皿中待用。

(3) 生长点剥离及愈伤组织培养。在超净工作台上，将无菌培养皿中的材料放入体视显微镜下，利用解剖针和镊子进行生长点的剥离。当剥去可见的生长点、周围可见小叶只剩下1～2个叶原基、大小只有0.2～0.3mm时，将其切割下来，接入J1培养基中，放入光照箱进行培养。要求在黑暗或散射光下培养，温度25℃。经过20d的培养，愈伤组织呈鲜嫩松散颗粒状，有利于进一步诱导芽形成。

(4) 芽增殖培养。待培养的外植体产生愈伤组织后，更换为J2培养基，进行芽的诱导分化。经过15～20d的培养，愈伤组织开始分化出少量绿色芽点，并进一步发育成小植株。此时，光照度2 500lx，光照时间12h/d，温度23～25℃。

(5) 生根培养。待出芽后将其转入到J3生根培养基中促使生根。菊花试管苗易生根，培养基中加0.1mg/L IBA或NAA，培养3d后，在靠近茎基部表面出现白色突起，12d后可见长到2cm长的黄白色小根。

(6) 脱毒苗的鉴定。采用指示植物汁液鉴定法、媒介昆虫嫁接法、抗血清和电镜检查等方法，对得到的试管苗进行病毒鉴定。其中指示植物汁液法对菊花的番茄不孕病毒（tomato aspermy cucumovirus，TAV）、菊矮化类病毒（chrysanthemum stunt pospivioid，CSV）、菊褪绿斑驳类病毒（chrysanthemum chlootic mottlepe lamoviroid，CChMVd）、菊B病毒（chrysanthemum Bcarlavirus，CVB）等都可进行鉴定，矮牵牛是最好的指示植物。

2. 菊花花瓣组织培养

(1) 取材。选择生长健康、长势旺盛、无病虫害的菊花植株，在开花前3～4d剪下花蕾。

(2) 灭菌处理。在超净工作台上将花蕾浸泡在75%酒精中30s，无菌水冲洗1次；10%漂白粉液浸泡处理20min或20%次氯酸钠灭菌10～15min，无菌水冲洗3～5次。无菌滤纸吸干水分，备用。

(3) 接种和愈伤组织诱导。用解剖刀切取大小约5mm^{2}舌状花瓣为外植体，接种到J4培养基上，每瓶10～15块。在温度25℃、光照时间16h/d、光照度约2 000lx条件下诱导愈伤组织。3周后统计愈伤组织诱导率。

(4) 芽的诱导培养。将愈伤组织分割成直径0.2～0.4cm的小块，转接到

J5 培养基上进行培养。2 周左右，愈伤组织变为浅绿色。4 周后，不定芽开始从边缘芽点上长出，随后中部芽点也开始分化出不定芽。

（5）根的诱导培养。用手术刀切下不定芽，转接到 J3 培养基上，可促进不定芽生长，并诱导生根。

五、实验报告及思考题

1. 每人接种 10 个菊花茎尖和 3 瓶菊花花瓣，并观察其生长发育过程。
2. 植物茎尖脱毒的原理是什么？
3. 菊花茎尖组织培养的操作流程及注意事项是什么？
4. 菊花花瓣组织培养的操作流程及注意事项是什么？

实验七　马铃薯茎段愈伤组织诱导及其分化

植物细胞全能性理论是植物组织培养的核心理论。离体器官及其组织经过培养，均可产生愈伤组织，并能继代培养和不断分化，用以研究植物的生长与发育、脱分化与再分化，还可用于诱变育种和快繁等。

一、实验目的

掌握马铃薯茎段外植体愈伤组织诱导和分化的过程，了解愈伤组织诱导和分化的实验原理。

二、实验原理

在一定条件下培养，植物离体外植体可形成愈伤组织，该过程称为脱分化作用，即指离体培养条件下生长的细胞、组织或器官经过细胞分裂或不分裂，逐渐失去原来的结构和功能而恢复分生状态，形成无组织结构的细胞团或愈伤组织的过程。除少数几种材料外，一般植物组织均能诱导产生愈伤组织（图8），其中以双子叶植物为多，单子叶植物、裸子植物、蕨类和藓类植物为少。形成的愈伤组织，有的很坚实，有的很松脆。决定愈伤组织质地和特性的因素

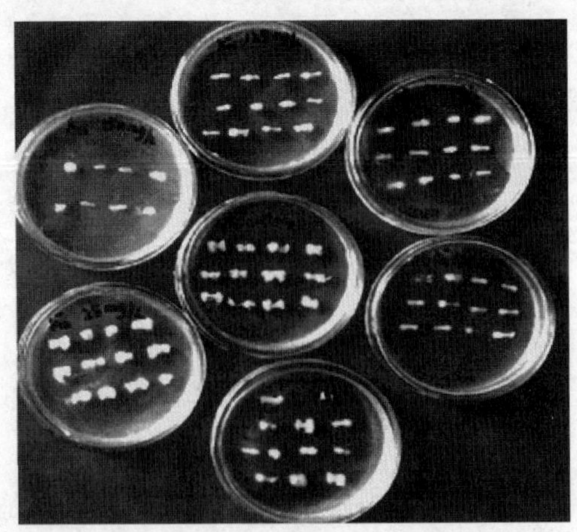

图8　马铃薯茎段形成的愈伤组织

与培养基中铵态氮与硝态氮的比例有关，某些天然有机附加物对愈伤组织的生长也有影响，如培养基中加入酵母提取物（3～5g/L），会使水稻的愈伤组织质地疏松。

愈伤组织生长过程中，细胞分裂开始局限在外层细胞，当表面细胞分裂逐渐减慢并停止分裂时，内部较深处的细胞才开始分裂，且分裂的方向也发生改变，形成了维管化组织和瘤状结构，这是愈伤组织生长的一个共同特性。理论上讲，所有植物的愈伤组织经过适宜条件的诱导，可以进行再分化，形成小植株，其再生途径有以下两种：一种是先形成根、芽等器官，烟草髓和叶的培养是这种生长方式的典型代表。形成根和芽的方式有三种：①先长芽（图 9），芽基部再长出根形成小植株；②先长根，然后在根上长出芽；③在愈伤组织的不同部位分别形成芽和根。再生成小植株的另一种生长途径是形成胚状体，以胡萝卜的细胞培养作为代表。胚状体发育早期区别于芽发育的决定性特征是它具有两极，既有生长点也有根原基。所以通过这种途径进行繁殖效率较高，有时从一块愈伤组织可以产生数百个胚状体和小植株，而且这些植株很少发生变异。

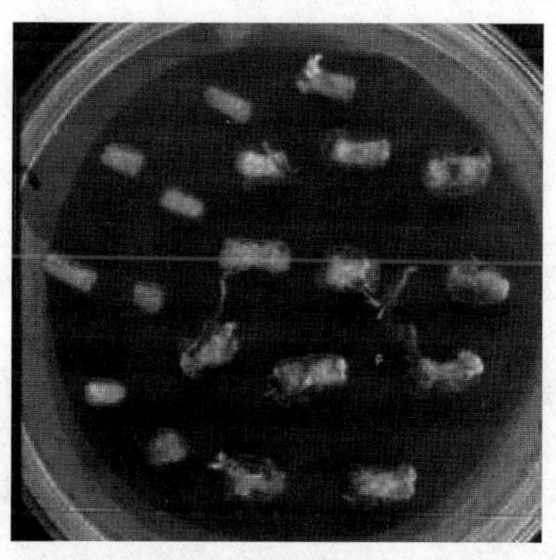

图 9　马铃薯茎段产生愈伤组织及分化出芽

愈伤组织分化根和芽受培养基中生长素和细胞分裂素的相对浓度影响，一般生长素与细胞分裂素的比值高，促进根的分化；比值低，则促进芽的分化；两种激素比值适中时，则愈伤组织生长占优势而不分化。因此，通过改变培养基中两种激素的相对浓度，可有效调节愈伤组织分化的进程。此外，愈伤组织的再分化还受愈伤组织的状态、植物种类、光照等因素影响。

三、实验材料和用具

1. 实验材料 马铃薯无菌试管苗的茎段。

2. 实验药品 MS 基本培养基、琼脂、灯用酒精、NAA、6-BA、ZT、GA_3。

3. 培养基

①马铃薯试管苗继代繁殖和生根培养基（M1）：MS＋4～6g/L 琼脂。

②马铃薯茎段愈伤组织诱导培养基（M2）：MS＋0.2mg/L NAA＋2mg/L 6-BA＋1.5mg/L GA_3＋4～6g/L 琼脂。

③马铃薯茎段愈伤组织分化培养基（M3）：MS＋2mg/L ZT＋2mg/L 6-BA＋1mg/L GA_3＋4～6g/L 琼脂。

4. 实验用具 超净工作台、高压蒸汽灭菌锅、蒸馏水器、酸度计、接种工具灭菌器、天平、酒精灯、剪刀、弯头镊子、试管、培养皿、三角瓶、低温冰箱、烧杯、移液管、量筒、酒精缸、玻璃记号笔、封口膜、脱脂棉、火柴、线绳。

四、实验步骤

1. 接种室的准备 打开超净工作台开关，确认正常送风后，开机 15～30min。超净工作台用 70%酒精棉球擦拭干净台面（或喷雾消毒），台面上放置的用具有酒精灯、70%酒精缸（或接种工具灭菌器）、70%酒精棉球瓶、镊子、剪刀、培养基。

2. 培养材料的繁殖 将马铃薯无菌试管苗剪成带有 1～2 个腋芽的茎段，接种于 M1 培养基上，置于 23℃±2℃、光照度 2 000～3 000 lx 条件下进行培养，待新的小苗长至 10cm 左右时（3～4 周）再进行继代培养，待试管苗用量足够时，开始进行实验。

3. 培养材料的接种 将超净工作台上三角瓶的封口线绳打开，整齐排列在接种台左侧。点燃酒精灯，将所用镊子、剪刀在酒精缸内蘸以 70%酒精后，在酒精灯火焰上灼烧灭菌，或在接种工具灭菌器中灭菌，然后放在支架上，待冷却后再用。

从继代培养 4 周左右的试管苗剪取长度 0.5～1cm、不带腋芽的茎切段，平放于 M2 培养基表面，轻轻按住外植体使其接触培养基。注意接种材料要摆放均匀且保持一定密度，然后封口，扎好线绳，并用玻璃记号笔在瓶下方注明材料代号、培养基代号、接种日期及姓名代号等。记录接种瓶数及每瓶外植体接种数。接种完毕，熄灭酒精灯，收拾干净台面。

4. 培养　将培养材料置于23℃±2℃、光照度1 500～2 000 lx、光周期8～10h/d的条件下进行培养。接种后1周内，如有污染情况即可观察到，真菌污染菌丝清晰可见，呈黑、白等色；细菌污染，为粉红、白色或黄色黏稠菌斑，应及时转移未污染材料或处理掉。培养2～4周后，可在外植体或其切口处观察到长出的愈伤组织。经数周培养后，将长大的愈伤组织转移到M3分化培养基上进行培养，使其分化出芽；待芽长至2～3cm时，将其剪下转移至M1培养基生根，从而获得完整植株。

五、实验报告及思考题

1. 记录接种情况并统计愈伤组织诱导率（表5）。

$$愈伤组织诱导率=\frac{形成愈伤组织的外植体数}{接种的外植体数}\times100\%$$

表5　接种情况与愈伤组织诱导率记录表

接种瓶号	每瓶外植体接种数（个）	愈伤组织诱导率（%）	愈伤组织状态

2. 记录继代培养情况并统计愈伤组织分化率（表6）。

$$愈伤组织分化率=\frac{分化的愈伤组织块数}{接种的愈伤组织数}\times100\%$$

表6　继代培养情况与愈伤组织分化率记录表

接种瓶号	每瓶外植体接种数（块）	愈伤组织分化率（%）	丛生芽状态

3. 影响愈伤组织形成和质地的因素有哪些？

4. 影响愈伤组织分化的因素有哪些？

实验八　马铃薯茎段快繁和试管薯的诱导

马铃薯是世界上广为种植的重要农作物。由于其为无性繁殖，易导致病毒在块茎内积累和传递，引起种薯退化，致使马铃薯减产和品质下降。因此，研究者开发了一套种薯繁育体系，以保障马铃薯的产量和品质。在该体系中，马铃薯茎段离体快繁和试管薯诱导是其中的重要环节。试管薯（microtuber）是指用脱毒试管苗在试管中生产的1～30g微小的脱毒马铃薯，是诱导试管苗腋芽所形成的变态茎。试管薯在遗传稳定性、植物学、生理生化特性上与常规块茎无异，但由于它具有体积小、便于资源保存和交流、可作为原种繁殖的基础材料等优点，其在种薯生产上的应用前景引起国内外科学界的广泛重视。另外，近年来人们利用农杆菌介导外源基因的方法进行马铃薯品质和抗性的遗传改良，发现试管薯薄片可直接再生芽，是最为理想的马铃薯转化受体材料。

一、实验目的

学习和掌握马铃薯茎段快繁的基本方法，了解和掌握马铃薯试管薯诱导的基本操作过程。

二、实验原理

植物茎段培养是指对植物上带有一个以上定芽（normal bud）或不定芽的外植体（包括块茎、球茎、鳞茎在内的幼茎切段）进行离体培养的技术。带芽茎段在一定营养条件下，经过培养可获得：①单苗；②丛生苗；③完整植株；④愈伤组织。控制植物激素的种类和用量，大多数植物的带芽茎段形成单苗、丛生苗或完整植株，因此，利用该技术在短期内可获得大量遗传性一致的个体。

马铃薯茎段快繁技术就是利用适宜的培养基，诱导其离体茎段进行芽生长和根再生的过程，即马铃薯块茎萌发，芽长4～5cm时，将其切下，经过适当灭菌处理后在无菌条件下接入MS基本培养基中，经过20d左右的培养，可获得无菌的完整植株（图10）。再将其按单节切段，接种于相同培养基上，进行快速繁殖。

图 10　马铃薯茎段的快速繁殖

马铃薯块茎发生与发育是一个具有一定可塑性的复杂的动态生理过程，涉及形态、生理、生化和遗传等因素。试管块茎形成涉及一系列基因的连续表达，如 patatin 基因等，这些基因可能在块茎诱导的不同阶段起不同的调控作用，包括调节内源激素的平衡状态、细胞的生长和发育、块茎内含物的积累等。

马铃薯试管薯（图 11）的形成和发育受多种外界环境条件影响，其中温度、光周期、蔗糖浓度、培养方式、6－BA、植物生长延缓剂等尤为重要。研究者普遍认为，低温（18～20℃）、短日照（8h 或黑暗）和高糖（8%蔗糖）是马铃薯试管薯诱导的基本条件。

图 11　马铃薯试管薯

试管块茎形成过程中，外源生长物质的诱导与植株生长发育状况和其他外部环境条件的互作关系十分复杂。外源生长物质主要是通过诱导相关基因表达，从而调节内源激素的平衡状态来影响块茎的形态建成，其中 GA_3 被认为是块茎形成的抑制物质，ABA 则是块茎形成的促进物质，它们均是块茎形成所必需的物质，分别在块茎形成过程中的不同阶段发挥作用。在块茎形态最终建成时，需要这类抑制物质和促进物质达到一定的平衡状态。因此，GA_3 和 ABA 对块茎形成的影响并不在于二者的含量，而在于二者在植株体内的平衡状态。

蔗糖浓度和光照长度对试管块茎的形成具有明显影响，二者亦存在相互作用。培养基较高的蔗糖浓度（8%）具有较好的块茎诱导效果，在此基础上，通过光照处理调节，可以解决不同基因型间块茎诱导率的差异。说明与蔗糖和光照诱导相关的基因直接参与了块茎的形态发生，通过诱导这些基因表达，可有效地促进块茎形成。

三、实验材料和用具

1. 实验材料 马铃薯无菌试管苗。

2. 实验药品 MS 基本培养基、NaOH、HCl、95%酒精、灯用酒精、琼脂。

3. 培养基

①马铃薯茎段快繁培养基（M1）：MS+4～6g/L 琼脂或不加琼脂。

②马铃薯试管薯诱导培养基（M2）：MS（不含蔗糖）+8%蔗糖+4～6 g/L琼脂或不加琼脂。

4. 实验用具 超净工作台、高压蒸汽灭菌锅、蒸馏水器、酸度计、天平、酒精灯、剪刀、镊子、试管、培养皿、三角瓶、低温冰箱、烧杯、移液管、量筒、培养瓶、封口膜、脱脂棉、滤纸、尼龙袋、线绳。

四、实验步骤

1. 马铃薯茎段快繁

(1) 马铃薯茎段快繁方法。把无菌试管苗切成带 1～2 个腋芽的茎段，接种于 M1 快繁培养基上，待新的小苗长至 10cm 左右时（3～4 周），进行下一次转接扩繁。

(2) 培养瓶及封口材料。可采用 150ml 的三角瓶作为培养容器，用棉塞和牛皮纸或封口膜作为封口材料。为了节约成本，也可采用罐头瓶作培养容器，用耐高温、高压的聚丙烯薄膜作封口材料，并用食用白糖代替蔗糖。

(3) 培养室的条件。培养室的温度控制在 20～25℃；高于 28℃，苗顶端易产生烧苗现象；高于 33℃，苗停止生长。光照度 2 000～3 000 lx，每天光照 12h。也可以利用自然散射光作光源，用散射光培养的试管苗茎叶粗大，叶片肥厚、深绿，节间短，生长健壮，可降低生产成本和提高试管苗移栽的成活率。

2. 马铃薯试管薯的诱导

（1）母株的培养。将试管苗剪成带有一个腋芽的茎段接种到装有约 30ml M1 培养基的三角瓶（150ml）中，每瓶接种 7 个茎段。培养温度 25℃±2℃，光照度 2 000～3 000lx，光照期 16h/d，培养 4 周左右。

（2）试管薯的诱导。

①固体培养法：将生长健壮的试管苗剪成带一个腋芽的单节茎段，接种于 M2 试管薯诱导的固体培养基中，每 150ml 的三角瓶接种 7 个茎段。置于光照度 2 000lx、光周期 16h/d、温度 20℃±1℃的条件下培养 4 周，然后转移到全黑暗条件下诱导试管薯。

②液体培养法：将生长健壮的马铃薯试管苗剪成带一个腋芽的单节茎段，接种于含 30ml M1 的液体培养基中（内有无菌滤纸支架，作为茎段的支撑物），每 150ml 的三角瓶接种 7 个茎段。置于光照度 2 000lx、光周期 16h/d、温度 20℃±1℃的条件下培养 4 周。在无菌条件下，倒掉 M1 液体培养基，添加新鲜配制的 50ml M2 液体培养基，全黑暗条件下诱导结薯。

③固液双层培养法：将生长健壮的马铃薯试管苗剪成带一个腋芽的单节茎段，接种于 30ml M1 固体培养基中，每 150ml 的三角瓶接种 7 个茎段。置于光照度 2 000lx、光周期 16h/d、温度 20℃±1℃的条件下培养 4 周，然后补加 20ml M2 液体培养基，全黑暗条件下诱导结薯。

（3）试管薯收获。试管薯收获时要将黏在试管薯上的培养基用自来水冲洗干净，洗净的试管薯要置于散射光下待干燥后再贮藏。操作过程中要轻拿轻放，以免损伤薯皮。

（4）试管薯贮藏。将干燥的试管薯轻轻装入保鲜盒或尼龙袋中并编号，放在冷藏柜或窖内贮藏，温度保持在 4℃。

五、实验报告及思考题

1. 每人繁殖 5 瓶马铃薯无菌试管苗，然后进行试管薯的诱导；观察和记载试管苗生长的速度和状态、试管薯形成的时间和数量，并统计试管薯诱导率。

2. 影响试管薯诱导的因素有哪些？

实验九　杨树和相思树离体快繁

杨树和相思树分别属于杨柳科杨属和豆科含羞草亚科金合欢属植物。两类树种分布广泛，资源丰富，适应性强，在林业上是良好的速生丰产树种，可用作刨花板、制纸、胶合板等工业重要原料，同时也是园林绿化的重要树种。

杨树常规繁殖以扦插繁殖为主，相思树则以种子播种繁殖为主。两类树种的良种种苗需求量都很大，常规繁殖技术难以满足林业和园林生产上的需求。利用组织培养技术进行相思树和杨树的离体快繁，已在生产上得到应用，推动了两类树种良种的应用和大面积种植。

一、实验目的

掌握林木茎段等外植体离体快繁的基本程序，了解林木快繁的基本原理。

二、实验原理

杨树和相思树的离体快繁就是利用植物组织培养技术，在适宜的培养基和培养条件下，对其外植体进行离体培养，短期内获得遗传性一致的大量再生植株的方法。杨树快繁可采取两种方式进行：第一种方式即通过不定芽途径繁殖出基础数量的芽后，再反复进行芽增殖，在此过程中需将长大的芽转入壮苗培养基中培养一段时间后，再转入生根培养基中进行培养，完成生根过程；另一种方式是进行切段繁殖，即将长高的杨树苗剪成带 1～2 个芽的节段，插入生根培养基中进行生根，如此反复进行。这两种方式各有优缺点，前者易在短期内获得大量的小苗，后者可直接获得健壮的杨树苗进行炼苗，周期较短。在杨树快繁中，外植体的基因型、性别、年龄、部位、生理状态及取材季节等均影响植株的再生。

相思树一般通过诱导愈伤组织产生不定芽或胚状体，或直接诱导丛生芽，从而达到快繁目的，其中直接诱导丛生芽的方式比较多见（图 12）。利用相思树的无菌外植体在分化培养基中，可诱导出丛生芽体，待其生长至一定高度时，切取芽苗转入增殖培养基中繁殖，然后转入生根培养基中诱导生根。相思树不定根诱导前，一般都要经过壮芽培养，提高芽苗的发根率。影响相思树直接产生丛生芽及其增殖率的因素主要有外植体大小和取材部位、激素类型和浓度、碳源和氮源的类型、继代培养时间等。

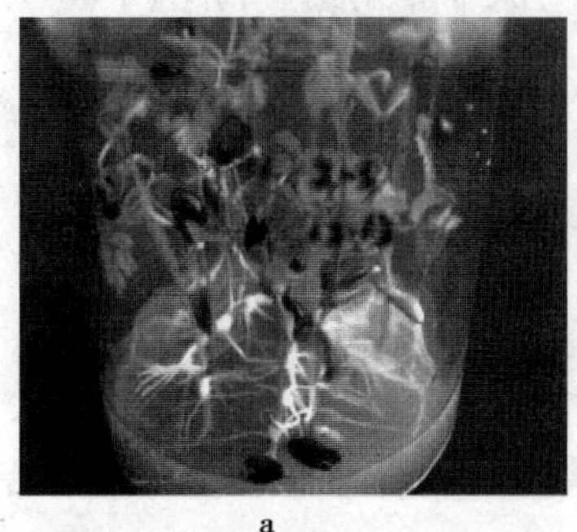
a

b

c

图 12　相思树的离体快繁

a. 种子萌发苗　b. 芽苗增殖　c. 试管苗生根

三、实验材料和用具

1. 实验材料　杨树叶片、茎段；相思树种子、叶片、茎段。

2. 实验药品　MS基本培养基、琼脂、75%酒精、95%酒精、KT、GA_3、2,4-D、NAA、6-BA、0.1%氯化汞、浓硫酸、无菌水、活性炭、多菌灵。

3. 培养基

(1) 杨树。

①愈伤组织诱导培养基（Y1）：MS+2.0mg/L NAA+0.5mg/L 6-BA+6g/L 琼脂。

②愈伤组织分化培养基（Y2）：MS+0.5mg/L NAA+2.0mg/L 6-BA+0.1mg/L KT+6g/L 琼脂。

③丛生芽诱导培养基（Y3）：MS+1.0mg/L 6-BA+0.05mg/L NAA+6g/L 琼脂。

④芽苗繁殖培养基（Y4）：MS+0.2mg/L 6-BA+0.5mg/L GA_3+0.1mg/L NAA+6g/L 琼脂。

⑤生根培养基（Y5）：MS+0.5mg/L NAA+6g/L 琼脂。

(2) 相思树。

①种子萌发培养基（X1）：1/2MS+6g/L 琼脂。

②愈伤组织诱导培养基（X2）：MS+1.0mg/L 2,4-D+2.0mg/L 6-BA+6g/L 琼脂。

③愈伤组织分化培养基（X3）：MS＋0.2mg/L NAA＋1.0mg/L 6-BA＋0.5mg/L KT＋6g/L 琼脂。

④丛生芽诱导培养基（X4）：MS＋2mg/L 6-BA＋0.5mg/L NAA＋6g/L 琼脂。

⑤芽苗繁殖培养基（X5）：MS＋0.5mg/L 6-BA＋0.2mg/L NAA＋6g/L 琼脂。

⑥生根培养基（X6）：1/2MS＋0.1％活性炭＋6g/L 琼脂。

4. 实验用具 超净工作台、高压蒸汽灭菌锅、蒸馏水器、天平、酒精灯、接种刀、剪刀、镊子、广口瓶、三角瓶、烧杯、移液管、量筒、玻璃记号笔、封口膜、火柴、废液杯、无菌滤纸、纱布、玻璃棒、塑料薄膜、脱脂棉、线绳、橡皮筋。

四、实验步骤

1. 外植体的灭菌

（1）叶片或茎段。晴天上午剪取杨树或相思树健康母株上的幼嫩枝条，用剪刀将枝条上的叶片从叶柄处剪下，枝条剪成数个小段。将适量的叶片或茎段放入烧杯，用一层纱布盖上杯口，并用橡皮筋将纱布扎紧，流水冲洗 1～2h，然后用镊子把材料转入三角瓶中，置超净工作台上。在超净工作台上，向三角瓶中加入适量（完全浸泡材料）75％酒精，浸泡 30s。倒掉酒精，无菌水漂洗后加入 0.1％氯化汞溶液（淹没材料为准），浸泡杀菌 8min。浸泡过程中要经常摇动三角瓶，以充分杀菌。然后将氯化汞溶液倒入专用容器中，防止氯化汞污染。用无菌水浸洗材料 4～6 次，以彻底除去残留的氯化汞。

（2）种子。将相思树成熟种子置于 50ml 烧杯内，沸水浸泡 20min，弃去上浮粒，倒掉水。在超净工作台上，将浓硫酸小心地注入三角瓶中，以淹没种子为宜，并不断用玻璃棒搅拌。25min 后将浓硫酸倒掉，无菌水冲洗 4 次。

2. 接种

（1）将灭菌后的杨树或相思树叶片或茎段从三角瓶中分批取出，放在无菌滤纸上，用接种刀把叶片或茎段的切口处切除约 0.5cm，防止切口处残留的氯化汞对腋芽产生毒害。再用接种刀将叶片切割成约 0.5cm^2 的小块，或将茎段切割成带有 1～2 个腋芽的茎段。用镊子小心地夹住杨树的叶片或茎段接种到预先配制好的 Y1 或 Y3 培养基上，而将相思树的叶片或茎段接种在 X2 或 X4 培养基上。

（2）将灭菌后的相思树种子用镊子从三角瓶中取出，放在无菌滤纸上，用接种刀在种子上轻轻划一下，然后接种到预先配制好的 X1 种子萌发培养基中。

3. 愈伤组织的诱导与分化

(1) 接种到 Y1 培养基中的杨树叶片或茎段于 25～28℃的黑暗条件下进行培养，以诱导愈伤组织。经过约 14d，叶片周围密生绿色或淡黄色愈伤组织。挑取新鲜的、活力旺盛的愈伤组织接种到 Y2 培养基中于光下培养，培养约 30d，绿色或淡黄色愈伤组织逐渐变为绿色，并分化出芽。

(2) 将相思树种子萌发 7d 后的苗用镊子取出，用接种刀分别切取下胚轴及子叶并接种到 X2 培养基上，黑暗条件下培养以诱导愈伤组织；30d 后挑取新鲜的、活力旺盛的愈伤组织接种到 X3 培养基上。遮光条件下培养 10d 左右，再转到光下培养诱导芽的形成。

4. 芽苗的繁殖

(1) 用接种刀轻轻地切下愈伤组织上的杨树芽苗，接种到 Y4 培养基上；或者将消毒后的杨树叶片或茎段直接接种到 Y3 培养基中以诱导出丛生芽，培养 15d 左右，切口处可以着生丛生芽，培养 20d 后转移到 Y4 培养基中，即可获得大量的健壮生长旺盛的芽苗。

(2) 用接种刀轻轻地切下愈伤组织上的相思树芽苗，接种到 X5 培养基中；或者将消毒后的相思树叶片或茎段直接接种到 X4 培养基中以诱导出丛生芽，培养 20d 后转移到 X5 培养基中，即可获得大量的健壮生长旺盛的芽苗。

5. 生根培养

(1) 选择生长正常、苗龄一致的杨树芽苗，用镊子轻轻地夹取并接种到 Y5 培养基上，培养 7d 左右小苗基部抽生白色根，14d 后芽苗生长明显，茎粗壮，叶片浓绿，根系发达。

(2) 生长健壮的相思树无根小苗接种到 X6 培养基上，经过 15d 左右，小苗基部抽生白色根，随后可着生大量的根系，小苗茎粗壮，叶片浓绿。

6. 移栽 选择健壮、整齐度一致、根系发达的完整再生植株进行移栽。移栽前先打开瓶口在自然光环境下炼苗 3～5d，然后将小苗取出，将植株基部培养基洗净，小苗的根可用 1g/L 多菌灵溶液浸泡 30s，再移栽到蛭石、黄心土和河沙的混合基质中。移苗初期可用塑料薄膜覆盖来保湿，3～4d 后可揭开薄膜通风。

五、实验报告及思考题

1. 每两人一组，每组接种杨树和相思树的茎段和叶片各 5 瓶，并按培养需求进行外植体的继代培养，然后统计愈伤组织诱导率、丛生芽诱导率和小苗生根率。

2. 观察和描述两个树种的愈伤组织形态、丛生芽发生和小苗根再生的过程。

3. 杨树试管苗的再生途径有哪些?

4. 相思树的离体快繁途径主要是什么?

5. 试比较相思树和杨树不同外植体离体快繁的难易程度。

实验十　葡萄的胚珠培养

胚珠具有生长发育形成幼苗的能力，未受精胚珠培养能够获得单倍体植株，受精胚珠培养能够用于杂种胚拯救。离体条件下，通过胚珠培养，可以研究和控制大孢子、雌配子体的发育及其胚胎发生。

一、实验目的

熟悉和掌握胚珠培养的操作流程。

二、实验原理

在离体胚培养中，处于早期的原胚培养，由于分离和培养技术都比较困难，一般不易取得成功。可以采用胚珠培养（ovule culture），即将胚珠从母株上分离出来，在人工控制的条件下进行离体培养，促进原胚继续胚性生长，使幼胚发育成熟，从而获得完整植株。胚珠培养时，也很容易从外植体上长出愈伤组织，这些愈伤组织可能来自幼胚，也可能来自珠心组织。因此，在胚珠培养时需控制好培养基和培养条件，来诱导胚的生长和发育。影响胚珠培养的因素主要有植物的基因型、培养基种类、激素种类和浓度、培养条件（温度、光照）等。

葡萄无核品种因其无核，无论鲜食还是加工都深受消费者青睐，在葡萄生产中占有很重要的地位。常规的杂交育种，无核品种只能作父本，与有核品种杂交，后代中无核率很低，且育种周期长，需大量人力物力。利用胚培养的方法，选择假单性结实的无核品种作母本，与无核品种杂交，在合子胚败育之前进行离体胚珠培养，其后代的无核株率达 80%以上，且育种周期缩短一半。目前，胚珠培养主要应用在无核葡萄品种选育、早熟品种胚挽救和远缘杂交胚挽救等育种实践中。

三、实验材料和用具

1. 实验材料　葡萄自交或杂交 35～40d 的幼果。

2. 实验药品 Nitsch（1969）基本培养基（表 7），即大量元素：NH_4NO_3、KNO_3、$CaCl_2 \cdot 2H_2O$、$MgSO_4 \cdot 7H_2O$、KH_2PO_4；铁盐：Na_2-EDTA、$FeSO_4 \cdot 7H_2O$；微量元素：$MnSO_4 \cdot 4H_2O$、$ZnSO_4 \cdot 7H_2O$、H_3BO_3、$CuSO_4 \cdot 5H_2O$、$Na_2MoO_4 \cdot 2H_2O$；有机物质：盐酸硫胺素、盐酸吡哆醇、烟酸、甘氨酸、叶酸、生物素、肌醇、蔗糖；琼脂、水解酪蛋白、活性炭、75%酒精、灯用酒精、6-BA、NAA、GA_3、IBA、ZT、0.1%氯化汞。

表 7 Nitsch（1969）基本培养基成分表

化学成分	用量（mg/L）	化学成分	用量（mg/L）
NH_4NO_3	720	$CuSO_4 \cdot 5H_2O$	0.025
KNO_3	950	$Na_2MoO_4 \cdot 2H_2O$	0.25
$CaCl_2 \cdot 2H_2O$	166	盐酸硫胺素	0.5
$MgSO_4 \cdot 7H_2O$	185	盐酸吡哆醇	0.5
KH_2PO_4	68	烟酸	5
Na_2-EDTA	37.3	肌醇	100
$FeSO_4 \cdot 7H_2O$	27.8	甘氨酸	2
$MnSO_4 \cdot 4H_2O$	25	生物素	0.05
$ZnSO_4 \cdot 7H_2O$	10	叶酸	0.5
H_3BO_3	10	蔗糖	20 000

3. 培养基

①葡萄胚珠发育培养基（P1）：Nitsch（不含蔗糖）+0.5mg/L 6-BA+2mg/L IBA+0.5mg/L GA_3+0.1mg/L ZT+0.5g/L 酪蛋白+60g/L 蔗糖+6.5g/L 琼脂。

②葡萄胚珠萌发培养基（P2）：Nitsch（不含蔗糖）+1mg/L 6-BA+2mg/L IBA+0.2mg/L GA_3+0.3g/L 酪蛋白+30g/L 蔗糖+6g/L 琼脂。

③葡萄成苗培养基（P3）：1/2MS（不含蔗糖）+0.02mg/L 6-BA+0.15mg/L IBA+20g/L 蔗糖+6g/L 琼脂。

4. 实验用具 超净工作台、高压蒸汽灭菌锅、蒸馏水器、酸度计、天平、酒精灯、解剖刀、剪刀、镊子、试管、培养皿、三角瓶、低温冰箱、烧杯、移液管、量筒、酒精缸、玻璃记号笔、封口膜、火柴、废液杯、无菌滤纸、无菌水、脱脂棉、线绳。

四、实验步骤

1. 取样与幼果灭菌 取授粉 35～40d 的葡萄幼果果穗，将带有 1～2cm 果柄的果粒用剪刀剪下，放入纱网，流水冲洗 30～45min，置超净工作台内。将果粒在 75%的酒精溶液里浸泡 30～60s，立即用无菌水冲洗 3～4 次，再放入

0.1%氯化汞溶液内浸泡 6～8min（其间不断摇动灭菌容器），然后用无菌水冲洗 4～6 次，备用。

2. 接种胚珠及培养　用解剖刀剖开浆果取出胚珠，接种于 P1 胚珠发育培养基上。由于此时胚发育程度较低，基本处于多细胞时期和球形胚时期，为异养阶段，主要依赖胚乳及周围母体组织吸取养分。而母体组织又从培养基中吸取养分，所以胚发育培养基加入了氨基酸含量丰富的酪蛋白和不同配比的激素，而且糖浓度较高，使胚处于高渗液培养基中，防止胚过早萌发，利于胚的发育与增重。当胚发育 40d 左右时，胚的重量和体积增大 3～4 倍，颜色深绿且饱满，可进行胚的进一步处理和萌发培养。

3. 胚珠处理及萌发培养　胚珠培养 8 周后，对胚珠进行横切，剥取或不剥取裸胚，然后接种在 P2 胚萌发培养基上进行培养。为了促使胚萌发，在 P2 萌发培养基中减少了糖、生长素与酪蛋白的量，增加了细胞分裂素 6-BA 的量，促使胚萌发。一旦胚萌发，芽伸长，就转入成苗培养基上。

4. 成苗培养　萌发的幼苗转入成苗培养基 P3 上培养。将小苗转移到1/2 MS 培养基上，去除细胞分裂素 6-BA，增加生长素 IBA 的量，利于小苗快速与健壮生长，从而获得葡萄试管苗。然后将试管苗转入葡萄快繁培养基（详见实验四）进行增殖。

5. 胚珠培养的条件　接种在各类培养基中的培养物置于温度 25～26℃、光照周期 16h/d、光照度 1 000～2 000 lx 的条件下进行培养。

五、实验报告及思考题

1. 每人分别接种 5 瓶葡萄胚珠进行培养，并统计产生小植株的胚珠数目。
2. 影响离体胚珠发育的因素有哪些？
3. 胚珠培养的基本程序是什么？
4. 葡萄胚珠培养有哪些应用价值？

实验十一　马铃薯和烟草的花药培养

自 1964 年 Guha 等首次用毛叶曼陀罗的花药培养获得单倍体植株以来，许多植物的花药培养相继取得了成功。花药培养是获得植物单倍体的有效方法之一。

一、实验目的

熟悉和掌握花药培养的基本操作过程，掌握花药培养的基本原理。

二、实验原理

花药培养（anther culture）是指把发育到一定阶段的花药接种在人工培养基上，改变花粉的发育途径，使其不形成配子，而像体细胞一样进行分裂、分化，最终发育成完整植株的过程。离体培养时，尽管雄核发育可在四分体时期和双核花粉期被诱导，但最适宜诱导的时期是第一次有丝分裂或之前。小孢子在培养过程中呈现不同的发育模式。目前，一般根据小孢子第一次有丝分裂的情况，将雄核发育分为不均等分裂途径和均等分裂途径，其中不均等分裂途径又根据第二次分裂及其以后的情况细分为多种途径。离体培养的花药，在适宜条件下，小孢子发生脱分化，改变原来发育途径，通过器官发生型或胚状体发生型（图 13）再生成完整植株。

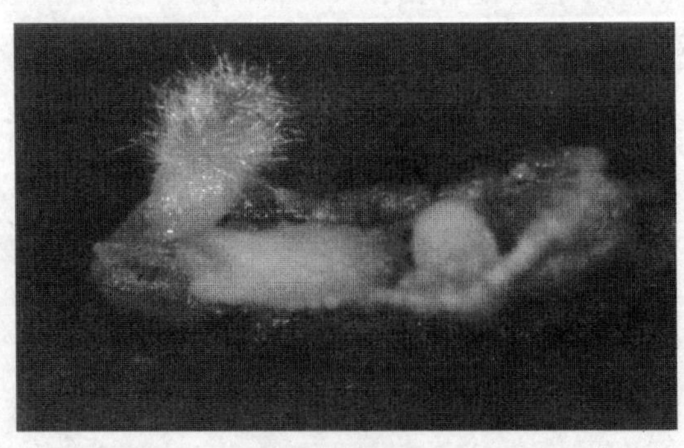

图 13　马铃薯花药培养产生胚状体

高等植物的孢子体一般都是二倍体（$2n$），即在其细胞中包含着来自父母双方的两套染色体。而高等植物的配子体细胞中只包含有一套染色体，为单倍体（n）。单倍体植株经过染色体加倍成为双单倍体（doubled haploid）或者纯合二倍体，在遗传上是完全纯合的。把单倍体植株作为一个环节，在育种上就能够很快获得纯系，加快育种的进程，创造出植物的新类型。运用花药培养是获得单倍体植株的一条很好的途径。

影响马铃薯和烟草花药培养的因素主要有基因型、植株生理状态、花药发育时期、接种密度、低温预处理、高温热激处理、植物生长调节剂、活性炭和硝酸银等。

三、实验材料和用具

1. 实验材料　马铃薯和烟草的单核早期或中期的花药。

2. 实验药品　MS基本培养基、Nitsch基本培养基、琼脂、70%酒精、灯用酒精、0.1%氯化汞、NAA、2,4-D、KT、吐温-20、无菌水、5% NaClO、洋红、45%醋酸。

3. 培养基和试剂

①马铃薯花药培养基：MS+0.5 mg/L NAA+1.0 mg/L 2,4-D+0.5 mg/L KT+8 g/L 琼脂。

②烟草花药培养基：Nitsch+0.5 mg/L 2,4-D+8g/L 琼脂。

③醋酸洋红染色液：45%的醋酸100ml，加入1g洋红，煮沸（沸腾时间不超过30s），冷却后过滤即可。

4. 实验用具　超净工作台、高压蒸汽灭菌锅、光学显微镜、低温冰箱、蒸馏水器、酸度计、天平、酒精灯、解剖刀、解剖针、剪刀、镊子、试管、培养皿、三角瓶、烧杯、移液管、量筒、酒精缸、玻璃记号笔、封口膜、脱脂棉、火柴、加盖小烧杯、废液杯、无菌滤纸、线绳。

四、实验步骤

1. 小孢子发育时期鉴定和取样　取不同发育时期的花药，利用醋酸洋红染色法，在显微镜下压片检查小孢子发育时期，确定取样的适宜大小，然后于植株盛花期取样。马铃薯的取样花药大小约为0.4cm，花药呈黄绿色；烟草的花蕾采集标准为萼片与花瓣等长，冰壶贮运。

2. 预冷处理　在4℃冰箱中预冷处理48h，期间滴加无菌水保湿。

3. 花蕾灭菌 在超净工作台上，先用70%酒精浸泡并搅动30s，倒出酒精，然后加入滴加1～2滴吐温-20的5%NaClO溶液搅动5～10min或0.1%氯化汞灭菌3～5min，无菌水冲洗3～5次，无菌滤纸吸干水分备用。

4. 花药接种 用尖头镊子和解剖针小心剥取花药，接种于马铃薯或烟草花药培养基上。剥取花药时应防止触伤花药壁，尽量除尽花丝。封口膜封口后注明材料名称及接种时间等信息。

5. 培养 接种好的培养物置于25～28℃的黑暗处培养。培养2周左右，开始形成花粉胚或花粉愈伤组织。此时，将培养瓶转入光下培养，每天光照16h，光强度1 000～2 000 lx。在6周内，胚状体可发育成小植株。

6. 移栽和鉴定 当花粉植株长到3cm高时，即可移出试管，洗去琼脂，炼苗后移栽到花盆中，作进一步的观察和鉴定。

五、实验报告及思考题

1. 每人接种马铃薯和烟草花药各2瓶，进行培养，观察并统计花药成苗数及单倍体植株成苗数。

2. 花药培养中应当注意哪些问题?

3. 影响花药离体培养的因素有哪些?

实验十二　烟草叶片单细胞分离和培养

从植物组织分离体细胞进行单细胞培养，建立的单细胞悬浮系具有分散性好、群体遗传性相似、细胞生长繁殖迅速的特点，从而实现单个细胞水平上的诱变和选择，使育种工作“微生物化”，提高无性系变异和选择效率。另外，单细胞悬浮培养还是原生质体培养和融合、基因转移、次生代谢物生产、个体发育、人工种子等研究的理想实验体系。

一、实验目的

学习和掌握烟草叶片体细胞分离的基本方法，掌握植物单细胞分离和培养的基本技术。

二、实验原理

单细胞培养就是对分离得到的单个细胞进行培养，诱导其分裂增殖，形成细胞团，再通过细胞分化形成芽、根等器官或胚状体，直至长成完整植株的技术。

目前，分离单细胞的方法有：

(1) 物理方法。这是最早采用且至今仍广泛使用的方法，即悬浮培养的细胞经摇床振动使细胞分散，如果向细胞悬浮液中吹入脉冲压缩空气，会使细胞分散得更好；或者用藻酸钙包裹悬浮培养的大细胞团，并在培养一定时间后滤去胶珠，得到较分散的细胞悬浮液。然后用筛网（20～100μm）进行过滤，再用500r/min离心5～10min，使单细胞沉淀在离心管底，进行收集。

(2) 化学方法。指利用一些化学药剂游离细胞的方法。如用秋水仙素处理大豆细胞悬浮液，可得到有活力的单细胞和小细胞团；用草酸盐处理胡萝卜细胞悬浮培养物，因草酸盐能结合细胞间质中果胶钙的钙离子，从而可获得较分散的细胞；适量的2,4-D和水解乳蛋白对细胞的分散也有一定的作用。

(3) 酶法。用果胶酶和纤维素酶等处理细胞悬浮培养物或幼嫩的植物组织器官，使细胞间的中胶层发生降解，细胞彼此分离开来，从而获得单细胞。

进行单细胞培养时，有两个相互依赖、相互影响的制约因子，即细胞的初始植板密度和培养基的成分。当细胞植板密度较高时（10^4～10^5个/ml），使用与悬浮培养或愈伤组织培养成分相同的培养基即可成功。但此细胞密度下，细胞间距仅为细胞直径的3～4倍，细胞分裂两次后继续增殖时，所形成的细胞团彼此纵横交错长在一起。若细胞间存在较大遗传异质性，就会形成嵌合组织或嵌合的再生植株。为了获得来自单个细胞克隆的无性系，就需要在低密度下（100～500个/ml）培养细胞。随着植板密度的减小，细胞对培养基和培养方法的要求就变得越来越精细和复杂。设计单细胞的培养方法时，多数围绕以下几个基本思路设计：①选择有利于细胞生长的培养基；②设法使培养细胞处于最有利于吸收营养物质的状态；③充分利用细胞间的相互影响，体现群体效应，提高植板率；④减小培养基的体积，使细胞体积与培养基体积比值适当，相当于高密度细胞培养条件。

单细胞培养方法大体上可分为液体培养、固体培养和固液结合培养方法，并由此派生出一些其他方法。常见的单细胞培养方法有：

（1）液体浅层静止培养。将细胞以一定的密度悬浮在液体培养基中，然后用吸管将悬浮液移到培养皿中使之形成1mm的浅层（太厚不利于细胞对氧的吸收）。用封口膜封住培养皿后，进行静止培养。该方法的优点是操作简便，对细胞的伤害较小，通气性好，代谢物易扩散，易于补充新鲜培养基，形成细胞团或小愈伤组织后也易于转移；缺点是细胞不能固定，不便于对单个细胞发育过程进行定点观察，也可能出现细胞的集聚作用。

（2）固体平板法。将琼脂或琼脂糖加热融化后冷却至45℃，迅速与等体积的细胞悬浮液均匀混合，倒入培养皿中。完全冷却后，培养基在培养皿中形成一平板，单细胞包埋于培养基内。混合后琼脂的最终浓度控制在0.6%以下，以得到松软的固化状态，有利于细胞生长。此法的优点是单细胞在培养基中分布较均匀，便于定点观察；缺点是通气不好，融化固态培养基时若温度掌握不好易损伤细胞。

（3）微滴培养。基本技术是将一小滴（一般为40～100μl）培养液滴在具有凹槽的培养皿上，其内所含的细胞数较少，并在甘油和封口膜的辅助作用下，盖好上盖，以免培养液因蒸发而干涸。该法的优点在于一次试验可进行多因子的组合试验，需要的细胞量少，样品均一，省时省力，可在倒置显微镜下连续观察细胞的变化。

（4）看护培养。是在培养皿或三角瓶中，先加入一定体积的固体培养基，培养基上放上一块几毫米大小的愈伤组织块，在此愈伤组织块上再放上一张预先灭菌过的滤纸，将分离好的单细胞接种到滤纸表面。单细胞通过滤纸从愈伤组织和培养基中吸收养分，进行生长和分裂形成小细胞团。

（5）条件培养。其要点是在选用的培养基中加入一定量经一定时间细胞悬浮培养的所谓条件培养液，悬浮细胞已用离心法从条件培养液中除去，而条件培养液对单细胞的生长，尤其是对低密度细胞生长有明显的促进作用。其机理是利用已培养过细胞的液体，其中含有促生长分裂物质。但若这种条件培养基中所含的代谢废物毒害作用强于促生长因子的作用，那么效果将适得其反。

（6）饲养层培养法。作饲喂层的细胞经射线照射后，核失活不能分裂，但细胞仍有一定代谢活动。饲喂层细胞用平板技术制成琼脂或琼脂糖平板，然后将单细胞以液体浅层或平板技术铺在饲养层上。饲养层的作用没有种的特异性，即以一种植物细胞制成的平板，可以支持另一种植物细胞的生长。

植物单细胞培养操作中仍有不少实际困难。首先，植物细胞需要有一个最低接种密度才能维持自身的生长和分裂，这种最低植板密度随细胞系的来源、继代培养情况、培养基的组成和培养方法而有所不同。另外，细胞在培养时，有聚集成细胞团的趋势，这种细胞间的交叉饲养将可能产生突变细胞和正常细胞的嵌合体。因此，在设计培养方法时，应尽量使低密度细胞能够产生单细胞克隆，而避免多细胞克隆的交错生长。

三、实验材料和用具

1. 实验材料　烟草无菌试管苗叶片。

2. 实验药品　MS基本培养基、6-BA、NAA、2,4-D、NaOH、HCl、灯用酒精、琼脂、水解酪蛋白、果胶酶、甘露醇。

3. 培养基和酶液

①试管苗继代培养基（Y1）：MS+0.6%琼脂。

②单细胞培养培养基（Y2）：MS+0.1mg/L 6-BA+1.0mg/L NAA+1.0mg/L 2,4-D+0.1%水解酪蛋白。

③酶液：0.25%果胶酶+0.8%甘露醇，pH5.8，用细菌过滤器（0.22μm）过滤除菌。

4. 实验用具　超净工作台、高压蒸汽灭菌锅、旋转式摇床、真空抽气泵、抽气瓶、蒸馏水器、培养箱、恒温水浴锅、酸度计、天平、倒置显微镜、酒精灯、剪刀、镊子、解剖刀、培养皿、三角瓶、烧杯、大口移液管、量筒、漏斗、筛网、离心管、封口膜、细菌过滤器、针管、0.22μm 滤膜、脱脂棉、火柴、血细胞计数板、线绳。

四、实验步骤

1. 实验材料的繁殖 将烟草无菌试管苗接种在 Y1 培养基上，于光照度 3 000lx、光周期 16h/d、温度 25℃±1℃的条件下培养和保存，每月继代繁殖 1 次。

2. 酶法分离单细胞 取继代培养 3 周左右的烟草无菌试管苗中上部的叶片约 1.0g，在 60mm×15mm 无菌培养皿内剪碎，立即置于装有 10ml 酶液的抽气瓶中，混匀后用真空抽气泵在负压为 0.05MPa 下抽气约 10min，直到组织表面和边缘不再出现气泡为止。将组织和酶液倒入另一 60mm×15mm 培养皿中，用封口膜封口，置可调温摇床上，在 28℃、60r/min、黑暗条件下摇动解离 4～8h。静置 10min 后，用 60μm 不锈钢细胞筛过滤，除去较大的组织和碎渣。然后将细胞转移到 10ml 离心管中，以 500r/min 的转速离心 10min。倒掉上清液，加入 Y2 培养基 5ml，离心洗涤 2～3 次，再用 40μm 细胞筛过滤，离心收集单细胞。

3. 单细胞培养

(1) 液体浅层静止培养。将离心收集的单细胞用血细胞计数板进行细胞密度计数（参见实验十五），并用稀释或离心重新悬浮的办法，用 Y2 培养基调整至细胞密度为 10^5 个/ml，然后进行液体浅层静止培养。

(2) 固体平板培养。用 Y2 培养基调整至细胞密度为 2×10^5 个/ml，将与上述培养液成分相同，但用 0.4%琼脂固化的固体培养基加热融化，置 42℃热水浴中保持其融化状态，迅速将该培养基与细胞悬浮液同时注入 60mm×15mm 培养皿中，使两者混合均匀形成厚 1～2mm 的薄层，用封口膜封口，置于 24℃、黑暗条件下的人工气候箱中培养。

4. 观察和统计 将培养皿置于倒置显微镜下观察，统计细胞的第一次分裂时间和 10d 后细胞的植板率。

$$植板率=\frac{每个平板上形成的细胞团数}{每个平板上接种的细胞总数}\times100\%$$

所有数据统计均为 3 次重复实验和每次 10 个观察视野（10×20 倍）的平均值。

五、实验报告及思考题

1. 分离烟草叶片单细胞并用两种方法进行培养，统计细胞的第一次分裂时间和植板率。

2. 植物单细胞的分离和培养方法有哪些？各有何优缺点？

3. 酶法分离单细胞时应注意哪些问题？

实验十三　马铃薯细胞悬浮培养

植物细胞悬浮培养是植物细胞生长的微生物化。悬浮培养的植物细胞由于分散性好，细胞形状及细胞团大小均匀，生长迅速，重复性好，易于控制等，被广泛用于生理学、细胞学、生物化学、发育生物学、遗传学及分子生物学的研究，并可直接用于原生质体分离、基因转移、预期突变体筛选和次生代谢物生产等。

一、实验目的

学习和掌握马铃薯细胞悬浮培养物建立的基本操作过程和方法。

二、实验原理

植物细胞悬浮培养（cell suspension culture）是指将游离的植物细胞按一定密度，悬浮在液体培养基中进行培养的方法。在植物细胞的悬浮培养中，细胞易于黏附成团，形成聚集体。聚集体由几个甚至几百个细胞组成，大小不一。聚集体的大小与植物种类、继代条件、环境条件、容器构型、培养基组成有关。植物细胞的聚集有两种形式：一种发生在培养前期，年幼的细胞迅速分裂，新细胞不能及时分开，便积聚在一起；另一种发生在培养后期，特别在对数生长后期，由于多糖物质及蛋白质的分泌，细胞容易相互黏附，甚至还黏附在容器壁表面上。

一个高质量的细胞悬浮培养系必须是悬浮培养物分散性良好，细胞和细胞团均一性好，培养物生长迅速（图 14）。建立良好的细胞悬浮培养物应注意以下几个方面：

（1）外植体的选择。选择合适的外植体，进而诱导出疏松易碎的愈伤组织，对建立悬浮细胞系具有重要作用。双子叶植物最常用的外植体有幼胚、成熟胚、下胚轴、子叶、叶片、根等；单子叶植物最常用的外植体有幼胚、成熟胚、幼穗、花药等。无论是双子叶植物还是单子叶植物，以幼胚诱导愈伤组织效果最好，因为幼胚诱导的愈伤组织质量好，分化能力强。

（2）愈伤组织的诱导。愈伤组织的外观形态和生理状态直接影响所建立的悬浮细胞系的质量。应选择颗粒细小、疏松易碎、外观鲜艳的白色或淡黄色的愈伤组织用于诱导悬浮细胞系。诱导这类愈伤组织的关键是外植体的类型、基本培养基、激素的种类和浓度、有机添加物等。

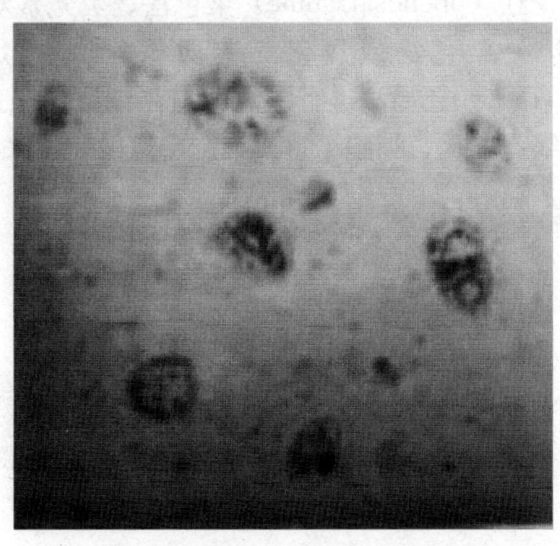

图 14 马铃薯细胞悬浮培养系

（3）悬浮培养物的建立。开始进行悬浮培养时，取 2g 左右鲜重、疏松易碎的愈伤组织放入盛有 20～40ml 液体培养基的三角瓶中，置于 100～120r/min、25℃±1℃的摇床上，黑暗或弱光下培养。如果愈伤组织不易分散，可事先用镊子轻轻夹碎，但尽量避免损伤。在悬浮细胞培养基中一般加入水解酪蛋白、椰乳、脯氨酸或谷氨酰胺等有机添加物。另外，悬浮细胞在液体培养基中迅速生长，容易造成 pH 下降，要及时更换新鲜培养基，一般以间隔 3～5d 为宜，同时可在培养液中预先加入 pH 缓冲剂 2-氮吗啉乙烷磺酸（MES）等。

（4）悬浮细胞的继代。继代培养时间和接种量根据不同细胞系来确定，一般最适的周期为 1～2 周，继代时间为 1 周的细胞系可用 1∶4 的接种量，2 周的可用 1∶10 的接种量。继代方法常用的有三种：①每次更换新鲜培养基时将培养物摇匀，静置片刻，将上层培养基连同其中的小细胞团倒入另一无菌三角瓶中，加入新鲜培养基进行培养；②将培养物摇匀，静置片刻，用吸管吸取培养基中部的胞质浓厚、细胞团小而均一的培养物，加入另一无菌三角瓶中，然后添加新鲜培养基进行培养；③将培养物通过一定孔径（520μm 左右）的尼龙网或不锈钢筛网进行过滤，然后收集单细胞或小细胞团，添加新鲜培养基进行培养。

（5）悬浮培养细胞的生长及测定。细胞悬浮培养过程中，细胞数目增长变化的动态基本上是 S 形曲线，接种初期为细胞很少分裂的延迟期，接着细胞进入对数生长期和直线生长期，然后分裂速度逐渐减慢进入减慢期，最后进入静止期。一般细胞系经过18～25d即可完成此增殖过程，如果用对数期的细胞进行接种，一般只需6～9d，因为没有延迟期或只有很短的延迟期。悬浮培养细胞的活力可用酚藏花红（phenosafranine）染色法、荧光素双醋酸酯（fluorescein diacetate，FDA）染色法或氯化三苯四氮唑（2,3,5-triphenyl tertrazolum chloride，TTC）还原法进行测定。悬浮细胞生长速度常采用测定不同时间细胞数目、细胞鲜重、细胞干重或细胞密度的积累来衡量。

三、实验材料和用具

1. 实验材料 马铃薯无菌试管苗或块茎。

2. 实验药品 MS基本培养基、IAA、KT、GA_3、2,4-D、6-BA、NaOH、HCl、70%酒精、灯用酒精、次氯酸钠、琼脂、水解酪蛋白、无菌水。

3. 培养基

①试管苗继代繁殖培养基（M1）：MS+0.6%琼脂。

②愈伤组织诱导培养基（M2）：MS+0.4mg/L IAA+0.8mg/L KT+0.4mg/L GA_3+0.1%水解酪蛋白+0.6%琼脂。

③愈伤组织继代培养基（M3）：MS+2.0mg/L 2,4-D+0.4mg/L IAA+0.4mg/L 6-BA+0.8mg/L KT+0.4mg/L GA_3+0.1%水解酪蛋白+0.6%琼脂。

④液体悬浮培养基（M4）：MS+2.0mg/L 2,4-D+0.4mg/L IAA+0.4mg/L 6-BA+0.8mg/L KT+0.4mg/L GA_3+0.1%水解酪蛋白。

4. 实验用具 超净工作台、高压蒸汽灭菌锅、旋转式摇床、蒸馏水器、培养箱、酸度计、天平、显微镜、酒精灯、剪刀、镊子、解剖刀、培养皿、三角瓶、烧杯、大口移液管、量筒、漏斗、不锈钢细胞筛、封口膜、打孔器、脱脂棉、火柴、无菌滤纸、线绳。

四、实验步骤

1. 实验材料的准备 将马铃薯无菌试管苗接种在M1继代繁殖培养基上，于光照度3 000 lx、光周期16h/d、温度23℃±1℃的条件下培养和保存，每月继代繁殖1次。

将马铃薯块茎用自来水清洗干净后，削去表皮，然后在超净工作台上将其置于70%酒精溶液中消毒30s，再用15%次氯酸钠溶液消毒15min，无菌水冲洗4～5次，备用。

2. 愈伤组织的诱导　剪取继代培养3～4周的试管苗不带腋芽茎段，长约0.5 cm；或用无菌打孔器切取块茎柱状长条，无菌滤纸吸干水分后，削去两端各约2.0 cm，切取2～3 mm厚的块茎圆盘，接种于M2培养基上。置于温度23℃±1℃、黑暗条件下培养。经过7～10d的培养，在茎段两端或块茎边缘形成愈伤组织。

3. 愈伤组织的继代　选择生长状态良好、色泽新鲜未褐化的愈伤组织，以直径0.5 cm大小的团块在M3培养基上进行继代。培养条件是温度23℃±1℃，光照度2 000lx，连续光照。

4. 细胞悬浮培养物的建立　选择色泽新鲜、生长速度快、质地疏松的幼嫩愈伤组织约2g，用镊子轻轻夹碎，置盛有40ml液体悬浮培养基M4的三角瓶中，在恒温摇床上以120r/min，25℃±1℃、弱光或黑暗条件下进行振荡培养。

5. 继代培养　培养5d后进行第一次继代培养。将细胞悬浮培养物用100μm孔径的不锈钢细胞筛进行过滤，除去大的组织块，收集筛网下的小细胞团和单细胞混合物进行培养。一般经过几次继代培养后可建立良好的细胞悬浮培养系。

五、实验报告及思考题

1. 每两人为一组，诱导马铃薯愈伤组织并建立细胞悬浮培养系。
2. 每天取样测定同一瓶细胞培养物的细胞数，以时间为横坐标，细胞数为纵坐标，制作细胞悬浮培养物的生长曲线。
3. 植物细胞悬浮培养系有哪些特点？
4. 建立植物细胞悬浮培养系时应注意哪些问题？

实验十四 香蕉细胞悬浮培养

香蕉为芭蕉属植物，其主要栽培品种均来自于无性繁殖系。长期以来，一些病虫害威胁着香蕉生产，如香蕉黑叶斑病、巴拿马病、香蕉束顶病等。亚热带香蕉产区由于冬季寒潮常使香蕉出现不同程度的冷害，而热带地区的香蕉又常常出现旱害。因此，培育抗病、抗冷或抗旱的香蕉新品种受到普遍重视。香蕉是三倍体，具有高度不孕及单性结实的特性，故常规育种不容易实现。现代生物技术的发展促使香蕉品种改良工作朝着转基因的方向去努力。香蕉的细胞悬浮培养，尤其是建立胚性悬浮细胞系，不但可以通过胚状体发生方式获得大量的试管苗进行快繁，制作人工种子，而且还是制备原生质体的优良材料，同时也是遗传转化的优良受体系统。

一、实验目的

学习并掌握建立香蕉悬浮细胞培养物的方法，了解建立悬浮细胞系应注意的问题。

二、实验原理

香蕉细胞悬浮培养一般是将愈伤组织转入液体培养基，然后进行振荡培养，从而获得悬浮细胞系。由于振荡的作用，分裂的细胞逐渐从接种的外植体上游离下来。经过一段时间的培养后，培养物中含有单细胞、不同大小的细胞团、原先的外植体及残余的死细胞。

建立香蕉细胞悬浮培养物的第一步是获得愈伤组织，所用到的外植体有未成熟的合子胚、成熟的香蕉叶片、蕉类吸芽叶鞘和球茎组织、未成熟的花序、高度增殖的茎尖丛、组培苗的假茎等。本实验以雌花刚坐完果的花蕾上顶端1.5cm 长的雄花序为基础材料，诱导出香蕉的愈伤组织，再以香蕉的愈伤组织为材料，建立悬浮细胞培养物（图 15）。

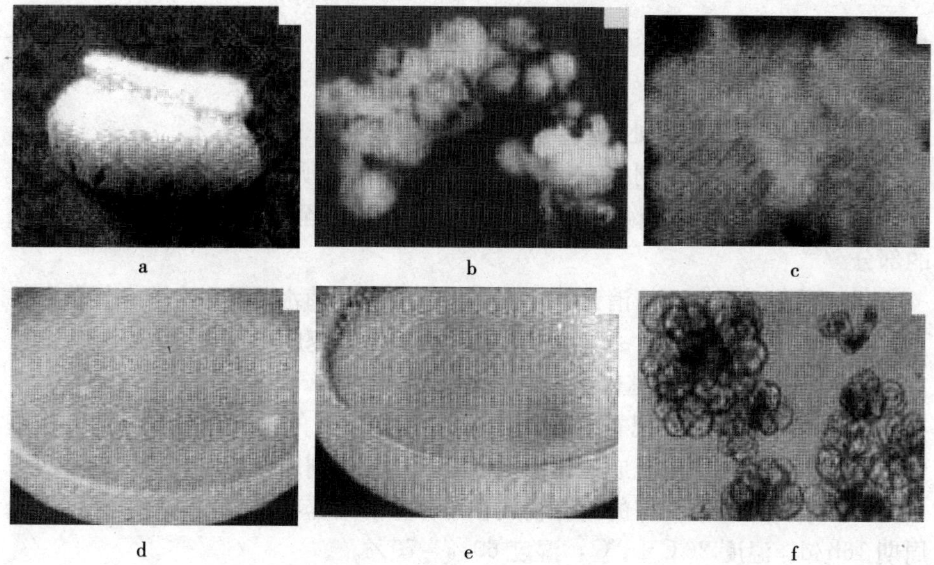

图 15　香蕉雄花序细胞培养及悬浮细胞系的获得

a. 香蕉雄花序顶端 1.5cm 长的部分　b. 继代 50d 的分生小球体　c. 旺盛生长的愈伤组织
d. 初期的单细胞悬浮液　e. 理想的胚性细胞悬浮系（继代约 3 个月）
f. 单细胞及结构较松散的小细胞团

三、实验材料和用具

1. 实验材料　香蕉雌花刚坐完果的花蕾。

2. 实验药品　MS 基本培养基、琼脂、75%酒精、灯用酒精、生物素、IAA、NAA、谷氨酰胺、麦芽提取物、三氧化铬（CrO_3）、无菌水。

3. 培养基

①香蕉愈伤组织诱导培养基（X1）：MS（不含蔗糖）+4.1μmol/L 生物素+5.7μmol/L IAA+5.4μmol/L NAA+87mmol/L 蔗糖+7g/L 琼脂。

②香蕉细胞悬浮培养基（X2）：MS（不含蔗糖）+4.1μmol/L 生物素+680μmol/L 谷氨酰胺+100mg/L 麦芽提取物+130mmol/L 蔗糖。

4. 实验用具　超净工作台、高压蒸汽灭菌锅、蒸馏水器、酸度计、天平、旋转式摇床、体视显微镜、显微镜、镊子、解剖刀、培养皿、酒精灯、100ml 三角瓶、血细胞计数板、吸管、大口移液管、漏斗、900μm 和 100μm 孔径的尼龙网、50ml 三角瓶、封口膜、脱脂棉、火柴、线绳。

四、实验步骤

1. 外植体的选择与处理

(1) 取材。取雌花刚坐完果的花蕾，采用花蕾顶端 10～12cm 长的部分。在超净工作台上剥除外部苞片及其包裹的雄花，直至剩下花序顶端 1.5cm 长的部分。

(2) 灭菌。75%酒精消毒处理 1～2min 后，无菌水清洗 1 次。在无菌条件下，借助体视显微镜依次去除内部苞片，并将其包裹的单个未成熟花梳剥离。

2. 愈伤组织诱导和继代培养

(1) 接种。用镊子把香蕉雄花序顶端 1.5cm 长的部分接种到 X1 培养基中，注意接种时使三角瓶成一定倾斜度，手不要碰到瓶口。

(2) 培养。将接种好的培养物放在培养室的培养架上培养。培养条件：光周期 16h/d，温度 26℃±2℃，湿度 60%～70%。

(3) 继代。在超净工作台上，用镊子把致密、淡黄色、颗粒状的愈伤组织切下，接种在新鲜培养基上，系好封口膜。两周后再次继代，继代几次后便可长出旺盛生长的愈伤组织。

3. 细胞的悬浮培养

(1) 用镊子取出旺盛生长的愈伤组织约 2 g，放在无菌培养皿中，用镊子夹成小块。转入装有 30ml X2 液体培养基的 100 ml 三角瓶中，进行悬浮培养。

(2) 将已接种的三角瓶放于摇床上，100 r/min 振荡培养，温度为 25～27℃。培养 2～3d 时，如果培养液呈乳白色，表明培养物可能被污染。

(3) 在培养的第一个月中，每周更换一次新鲜培养基。用 900 μm 孔径筛网滤除不易分散的大颗粒培养物，其中包括愈伤组织团、褐化死亡组织、一些原胚等。

(4) 其后每两周更换一次培养基，待培养物较为分散后，用 100 μm 孔径筛网过滤去除较大的细胞团。

(5) 细胞计数。向细胞悬液加入 2 倍体积的 7%三氧化铬（CrO_3），将混合物于 70℃下处理 15 min。冷却后，用吸管重复吸打细胞悬液，使细胞充分离散。然后在显微镜下用血细胞计数板计数，保证继代培养时的细胞密度为 0.5×10^5～2.5×10^5 个/ml。

(6) 继代培养。如果起始培养物已具有足够的活细胞数，即可进行继代培养。根据检查的细胞密度，估计相应的接种量，一般继代培养 3 个月后可得到较为分散、均质的细胞悬液。

（7）制作悬浮培养物的生长曲线。对一瓶细胞培养物每天取样测量细胞数，以时间为横坐标，细胞数为纵坐标，制作该细胞培养物的生长曲线。

五、实验报告及思考题

1. 每人培养2瓶细胞悬浮培养系，根据需要进行继代培养，并制作细胞生长曲线。

2. 从接种开始，一个悬浮细胞培养物会出现哪几个生长时期？为什么？

3. 悬浮细胞培养技术在生物技术中有何应用？与微生物相比，培养的植物细胞有哪些特点？

实验十五　烟草叶肉原生质体分离、活力测定和培养

1960 年，Cocking 应用酶法分离番茄根原生质（protoplast）获得成功，从而在实验条件下很容易获得大量的原生质体。1971 年，Takebe 等首次得到烟草叶肉原生质体培养的再生植株。原生质体分离培养去除了细胞壁，有利于细胞融合，为品种改良开辟了道路。同时，原生质体易于摄入外源 DNA、细胞器、细菌或病毒颗粒，是进行遗传转化研究的理想受体。此外，原生质体还是获得细胞无性系和选育突变体的优良材料。

一、实验目的

学习和掌握植物叶肉原生质体的制备和培养方法。

二、实验原理

原生质体是指用特殊方法脱去植物细胞壁，裸露的、有活力的原生质团。植物的细胞壁由纤维素、半纤维素、果胶质等成分组成，细胞之间由胞间层黏结在一起。要分离原生质体，必须先除去胞间层，游离出单个细胞，然后再去除细胞壁。

原生质体的分离方法有机械法和酶解法两种。机械法的缺点是产量低，不能从分生组织中分离到原生质体，因此已很少有人采用。酶解法是利用纤维素酶和果胶酶等降解胞间层和细胞壁，获得原生质体。随着多种适用于原生质体分离的商品酶的出现，酶解法成为分离原生质体的主要方法。由于叶肉细胞排列疏松，酶易作用于细胞壁，成为分离原生质体较好的材料，从叶片中可以分离大量的较均匀一致的原生质体；而且叶肉原生质体有明显的叶绿体存在，为选择杂种细胞提供了天然的标记。

经分离纯化的原生质体在适当的培养条件下可以再生细胞壁，开始细胞分裂，形成细胞团；再转移到分化培养基上，诱导芽和根，再生植株。现在常用的原生质体培养方法有液体浅层培养法、双层培养法、琼脂糖包埋法、琼脂岛培养法以及使用条件培养基或饲喂培养等。

三、实验材料和用具

1. 实验材料　烟草植株（生长 50～60d）上中部的充分展开的叶片。

2. 实验药品　MS 基本培养基、NT（Nagata T 和 Takebe I，1971）基本培养基（表 8），即大量元素：NH_4NO_3、KNO_3、$CaCl_2 \cdot 2H_2O$、$MgSO_4 \cdot 7H_2O$、KH_2PO_4；铁盐：Na_2 - EDTA、$FeSO_4 \cdot 7H_2O$；微量元素：H_3BO_3、$MnSO_4 \cdot 4H_2O$、$ZnSO_4 \cdot 7H_2O$、KI、$NaMoO_4 \cdot 2H_2O$、$CuSO_4 \cdot 5H_2O$、$CoSO_4 \cdot 7H_2O$；有机物质：肌醇、盐酸硫胺素、甘露醇、蔗糖；NAA、6 - BA、IAA、KT、琼脂、NaOH、KOH、HCl、灯用酒精、纤维素酶 Onozuka R- 10、离析酶 Macerozyme R- 10、荧光素双醋酸酯（FDA）、丙酮、70％乙醇、0.1％氯化汞、无菌水、2％氯酸钠。

3. 培养基和试剂

表 8　NT 原生质体培养基的组成

（Nagata T 和 Takebe I，1971）

成分	含量（mg/L）	成分	含量（mg/L）
NH_4NO_3	825	H_3BO_3	6.2
KNO_3	950	$MnSO_4 \cdot 4H_2O$	22.3
$CaCl_2 \cdot 2H_2O$	220	$ZnSO_4 \cdot 7H_2O$	8.6
$MgSO_4 \cdot 7H_2O$	1 233	KI	0.83
KH_2PO_4	680	$Na_2MoO_4 \cdot 2H_2O$	0.25
Na_2 - EDTA	37.3	$CuSO_4 \cdot 5H_2O$	0.025
$FeSO_4 \cdot 7H_2O$	27.8	$CoSO_4 \cdot 7H_2O$	0.030
肌醇	100	蔗糖	10 000
盐酸硫胺素	1	甘露醇	0.7mol/L

①烟草原生质体液体或固体培养基（Y1）：NT＋3mg/L NAA＋1mg/L 6-BA 或加 1.2％琼脂。

②烟草原生质体芽诱导培养基（Y2）：NT（除去甘露醇）＋4mg/L IAA＋2.55mg/L KT＋ 0.6％琼脂。

③烟草生根培养基（Y3）：MS＋0.6％琼脂。

④酶液：1％纤维素酶（Onozuka R- 10）＋0.2％离析酶（Macerozyme R-10）＋0.55mol/L 甘露醇＋10mmol/L $CaCl_2 \cdot 2H_2O$＋0.7mmol/L KH_2PO_4，pH5.7，抽滤灭菌备用。

⑤原生质体洗涤液：10mmol/L $CaCl_2 \cdot 2H_2O$＋0.7mmol/L KH_2PO_4＋0.55mmol/L 甘露醇，pH5.7（用 KOH 溶液调节），分装三角瓶中高压蒸汽灭

菌备用。

⑥FDA 贮存液：2mg FDA 溶于 1ml 丙酮中作为母液，4℃贮存，贮期不易过长。使用时取 0.1ml 母液加在新配制的 10ml 0.5～0.7mol/L 甘露醇溶液中，最终浓度为 0.02%。

4. 实验用具 超净工作台、高压蒸汽灭菌锅、培养箱、蒸馏水器、超纯水器、烘箱、冰箱、天平、酸度计、显微镜、荧光显微镜、恒温水浴锅、离心机、细菌过滤器、微孔滤膜（0.45μm 和 0.22μm）、不锈钢筛网或尼龙网（80～100μm）、三角瓶、载玻片、盖玻片、剪刀、尖头镊子、弯头镊子、离心管、烧杯、培养皿（Φ9cm、Φ6cm）、注射器、巴斯德吸管、血细胞计数器、废液缸、封口膜、火柴、脱脂棉、滤纸、线绳。

四、实验步骤

1. 原生质体分离

(1) 取材与灭菌。取生长 50～60d 的烟草植株，从上中部摘取充分展开的叶片。经肥皂水洗涤后，用流水冲洗干净，滤纸吸干水分。在灯光下先萎蔫 2h，有助于原生质体的分离。在超净工作台上，将叶片放入无菌烧杯中，倒入 70%酒精，浸泡 10s，无菌水中漂洗一下，取出置于 0.1%氯化汞液中灭菌 4min（或在 2%氯酸钠溶液中灭菌 20min），用无菌水冲洗 3～5 次，无菌滤纸吸干备用。

(2) 原生质体分离。用尖头镊子沿叶中脉细心撕去下表皮，剪成约 $2cm^2$ 的小块，放入盛有酶液的培养皿中。去皮面朝下，用封口膜封口后将培养皿置于 26～28℃条件下温育。温育酶解的时间依材料和酶的质量不同而定，如烟草叶片消化 4h 便可以产生原生质体。

(3) 原生质体纯化。酶解结束，轻轻转动培养皿，这时可见到大量的原生质体释放出来，酶液变为暗绿色，在显微镜下可见到大量球形的原生质体。此时酶液中尚有未消化的组织残片和破碎的原生质体，需纯化。其步骤如下：用吸管吸出原生质体悬浮液，通过不锈钢网，收集在离心管中，以除去未消化的组织。将离心管（带盖）离心 3～5min，吸出上清液，加入原生质体洗涤液，重新将原生质体悬浮，并再次离心，如此重复 3 次。最后用原生质体液体培养基 Y1 洗涤一次，并悬浮在一定量的 Y1 培养基中。

(4) 活力测定。

①目测法：在显微镜下观察，根据细胞形态、流动性确定原生质体活力。如形态上完整，含有饱满的细胞质，颜色新鲜的原生质体即为存活的。

②FDA染色法：取纯化后的原生质体悬浮液0.5ml，置于10ml离心管中，加入0.5ml的FDA贮存液，使其最终浓度为0.01%，混匀。室温放置5min后，用荧光显微镜观察，激发光滤光片可用QB-24（可透过300～500nm的光），压制滤光片可用JB-8（可透过500～600nm的光）。产生绿色荧光的原生质体为有活力的，否则为无活力的。由于叶绿素的关系，叶片、子叶和下胚轴的原生质体发黄绿色荧光为有活力的，发红色荧光的为无活力的。以有活力的原生质体数占观察原生质体总数的百分数表示原生质体活力。

（5）原生质体计数。吸一滴原生质体悬浮液于计数板上，盖上玻片，在显微镜下计数。计数格内共有25个中格，每个中格内有16个小格。计算4个角和中央中格（共80个小格）内的原生质体数，按下式计算原生质体密度。

$$原生质体数/ml=\frac{5个大格内总原生质体数}{80}\times400\times10\,000$$

将原生质体用培养基调整密度到10^5个/ml。

计数板为特制厚玻片，上有4个槽构成3个平台，中央平台又由一短槽隔成两半，其上各刻有一小方格网，每个方格网共分9个大格，中央的一大格作为计数用，称为计数室（图16）。计数室刻度有两种：一种为25中格×16小格，另一种为16中格×25小格，即每个大格有400个小格。每个大方格边长1mm，载玻片与盖玻片之间高度（计数室深度）0.1mm，所以每个计数室的体积为1×1×0.1=0.1（mm^3）。

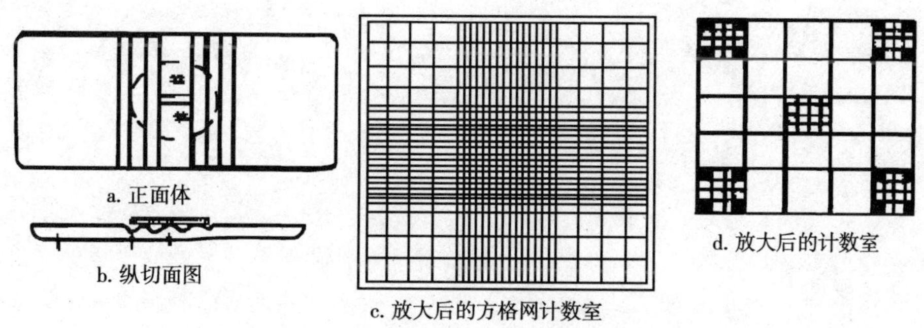

图16　血细胞计数板的构造示意图

2. 原生质体培养

（1）液体浅层法。将原生质体悬浮液分装于6cm培养皿中，每皿约2ml。用封口膜封口，置26～28℃下培养（散射光或暗处）。两周后，每皿加入0.5ml无甘露醇的同样培养基，直至形成肉眼可见的小愈伤组织块。低速离心收集并转移到原生质体芽诱导培养基Y2上，进一步作愈伤组织培养和分化。

待幼苗形成后转移到MS培养基上诱导生根。

(2) 平板法。先将固体培养基Y2 (1.2%琼脂) 加热熔化，放在45℃水浴内备用。同时将原生质体以10ml等份分装在三角瓶中，加入等体积保存在45℃水中熔化的固化培养基中，用大口10ml吸管快速吸打混匀，立即分装于6cm培养皿内，然后用封口膜密封，与液体浅层法相同条件下培养。

平板中的原生质体一般在3d内形成细胞壁并开始分裂，在3周内持续分裂形成可见的大细胞团。经6周培养后，细胞团进一步生长成0.5～1.0mm大小的愈伤组织，将其转移到原生质体芽诱导培养基Y2上，诱导芽的分化，待幼苗形成后转移到MS培养基上诱导生根。

五、实验报告及思考题

1. 每两人一组，进行原生质体分离和培养，并仔细观察和描述原生质体的细胞壁再生、细胞团形成和愈伤组织形成的过程。

2. 原生质体纯化的方法有哪些？试设计一个纯化的改进方法。

3. 植物原生质体在体细胞遗传学中有何意义？

实验十六　胡萝卜悬浮培养细胞的原生质体分离与培养

外植体来源的愈伤组织和细胞悬浮培养物是目前植物原生质体研究中最常使用的初始材料。它具有以下优点：细胞系建立时间短，原生质体产量、活性和稳定性较理想，实验重复性好。

细胞悬浮培养物经若干次继代培养可达到适合分离原生质体的状态，在短时间内获得大量形态和代谢活力均匀一致的原生质体。本实验介绍从胡萝卜悬浮培养细胞中分离原生质体的一般方法，其程序也适用于其他植物悬浮细胞的原生质体分离。

一、实验目的

学习和掌握胡萝卜悬浮培养细胞分离原生质体的一般方法。

二、实验原理

无菌悬浮细胞为供体材料时，取材方便，培养细胞处于无菌状态，免去了材料灭菌过程中所造成的损伤及污染。悬浮细胞处于旺盛的分生组织状态，有利于原生质体的再生。培养细胞与从叶片中分离的细胞相比，其对酶的耐受性较好，需要使用较强烈的酶溶液消化细胞壁。悬浮细胞的生长条件对成功地获得原生质体也非常重要。

由于胡萝卜体细胞具有很强的形态发生能力，较早地被用于细胞悬浮培养，其细胞系为研究植物细胞分化及植物原生质体遗传操作提供了合适的实验系统。

三、实验材料和用具

1. 实验材料　胡萝卜根悬浮细胞培养液。

2. 实验药品　MS 基本培养基、水解酪蛋白、琼脂、2,4-D、NaH_2PO_4、葡萄糖、纤维素酶 Onozuka R-10、果胶酶 Pectinase、崩溃酶 Driselase、半纤

维素酶 Rhozyme、山梨醇、甘露醇、2－N－吗啉-乙烷磺酸（MES）、70％酒精、灯用酒精。

3. 培养基和试剂

①胡萝卜悬浮细胞培养基：MS＋250mg/L 水解酪蛋白＋0.5mg/L 2,4-D，pH5.6。

②酶液：2％Onozuka R－10＋1％Pectinase＋0.5％ Driselase＋0.5％Rhozyme＋0.35mol/L 山梨醇＋0.35mol/L 甘露醇＋3mmol/L 2－N－吗啉-乙烷磺酸（MES）＋6mmol/L $CaCl_2 \cdot 2H_2O$＋0.7mmol/L NaH_2PO_4，pH5.6。酶液于 7 500g 离心 5min 后抽滤灭菌（0.45μm）。

③原生质体洗涤液：0.4mol/L 葡萄糖＋3mmol/L $CaCl_2 \cdot 2H_2O$＋0.7mmol/L NaH_2PO_4，pH5.6。

④胡萝卜原生质体液体或固体培养基：胡萝卜悬浮细胞培养基附加68 400 mg/L 葡萄糖（过滤灭菌），或加 0.6％琼脂。

4. 实验用具 恒温振荡培养箱、超净工作台、高压蒸汽灭菌锅、培养箱、蒸馏水器、超纯水器、烘箱、冰箱、天平、酸度计、倒置显微镜、离心机、细菌过滤器、微孔滤膜（0.45μm 和 0.22μm）、不锈钢筛网或尼龙网（80～100μm）、三角瓶、载玻片、盖玻片、剪刀、镊子、离心管、Φ6cm 培养皿、注射器、巴斯德吸管、血细胞计数器、封口膜、火柴、脱脂棉、线绳。

四、实验步骤

1. 胡萝卜悬浮细胞培养物每周继代培养一次，于 25℃、100r/min 的振荡培养箱中培养。每次用自然沉降方法取上部小细胞团接种，其含有活跃分裂的细胞。分离原生质体时，取继代培养 2d 的细胞作为材料。

2. 800r/min 离心 5min，弃上清液，收集细胞。加入酶液，2g 细胞加 10ml 酶液。于 25℃培养箱低速振荡（50r/min）培养过夜。

3. 将酶解液通过 50μm 的不锈钢网（或尼龙网）除去未酶解的细胞团，过滤物收集于离心管中。

4. 离心除去酶液（800r/min，3min），用洗涤液悬浮并离心洗涤 2 次，再用原生质体液体培养基洗 1 次，并悬浮于一定量的原生质体液体培养基中。

5. 原生质体计数（参见实验十五），调整原生质体密度为 10^5 个/ml，取 2ml 于 Φ6cm 培养皿中，用封口膜封口，于 25℃条件下培养（散射光或黑暗）。

6. 经 2 周培养后，逐渐加入新鲜的无生长素的原生质体液体培养基，以加速胚状体形成。

7. 4周后将胚状体转移到无生长素的原生质体固体培养基上，直至幼苗形成。3周后再移至同样培养基上生长。

五、实验报告及思考题

1. 每两人一组，利用胡萝卜悬浮细胞进行原生质体的分离和培养，并获得愈伤组织和再生植株。

2. 用细胞培养物分离原生质体时，怎样使材料符合实验要求?

3. 用细胞培养物分离原生质体时，分离条件与叶肉细胞有何不同?

实验十七　烟草和胡萝卜体细胞原生质体的聚乙二醇法融合

原生质体融合（protoplast fusion）是指通过物理或化学方法使原生质体融合，经培养获得具有双亲全部或部分遗传物质后代的方法，也称为体细胞杂交（somatic cell hybridization）。由于原生质体具有亲本的全部遗传信息，它与有性杂交不同，除了涉及双亲的细胞核外，还涉及双亲的细胞质，即可以把细胞质基因转移到全新的核背景中，使叶绿体基因组与线粒体基因组重新组合，为遗传育种提供新的种质资源。

一、实验目的

学习和掌握聚乙二醇（polyethylene glycol，PEG）法诱导原生质体融合的技术。

二、实验原理

原生质体融合常用方法有化学方法和电融合方法两类。化学方法以 PEG 应用广泛。PEG 分子具有轻微负极性，可与具有正极性基团的水、蛋白质和碳水化合物等形成氢键。当 PEG 分子链足够长时，它在相邻原生质体表面之间起分子桥作用，引发原生质体粘连。与膜相连的 PEG 分子被洗掉后，膜上电荷发生紊乱重新分配。当两层膜紧密接触区域的电荷重新分配时，可能使一种原生质体上带正电荷的基团连到另一种原生质体带负电荷的基团上，导致原生质体融合。PEG 除分子桥作用外，还具有改变膜物理化学性质及增加类脂膜流动性的作用，从而促进细胞融合。PEG 的融合频率高达 10％～15％，且无种属特异性，几乎可诱导任何原生质体间的融合。但 PEG 对原生质体有一定的毒害作用。

三、实验材料和用具

1. 实验材料　烟草叶肉细胞原生质体、胡萝卜悬浮培养细胞的原生质体。

2. 实验药品　MS基本培养基、NT基本培养基、NAA、6-BA、葡萄糖、甘氨酸、琼脂、NaOH、HCl、灯用酒精、硅液200、纤维素酶Onozuka R-10、离析酶Macerozyme R-10、果胶酶Pectinase、崩溃酶Driselase、半纤维素酶Rhozyme、山梨醇、甘露醇、2-N-吗啉-乙烷磺酸（MES）。

3. 培养基和试剂

①胡萝卜悬浮细胞分离原生质体的酶液Ⅰ：2%Onozuka R-10+1%Pectinase+0.5% Driselase+0.5% Rhozyme+0.35mol/L山梨醇+0.35mol/L甘露醇+3mmol/L 2-N-吗啉-乙烷磺酸（MES）+6mmol/L $CaCl_2 \cdot 2H_2O$+0.7mmol/L NaH_2PO_4，pH5.6。酶液于7 500g离心5min后抽滤灭菌（0.45μm）。

②烟草叶片分离原生质体的酶液Ⅱ：1%纤维素酶（Onozuka R-10）+0.2%离析酶（Macerozyme R-10）+0.55mol/L甘露醇+10mmol/L $CaCl_2 \cdot 2H_2O$+0.7mmol/L KH_2PO_4，pH5.7。抽滤灭菌备用。

③原生质体培养基（Y1）：NT+3mg/L NAA+1mg/L 6-BA或加1.2%琼脂。

④原生质体芽诱导培养基（Y2）：NT（除去甘露醇）+4mg/L IAA+2.55mg/L KT+0.6%琼脂，pH5.8。

⑤PEG溶液：50% PEG1 540+10.5mmol/L $CaCl_2 \cdot 2H_2O$+0.7mmol/L KH_2PO_4，pH5.6。

⑥溶液Ⅰ：500mmol/L葡萄糖+0.7mmol/L KH_2PO_4+3.5mmol/L $CaCl_2 \cdot 2H_2O$，pH5.5。

⑦溶液Ⅱ：50mmol/L甘氨酸+50mmol/L $CaCl_2 \cdot 2H_2O$+300mmol/L葡萄糖，pH9～10.5。

4. 实验用具　超净工作台、高压蒸汽灭菌锅、培养箱、蒸馏水器、超纯水器、烘箱、冰箱、天平、酸度计、倒置显微镜、离心机、细菌过滤器、微孔滤膜（0.45μm和0.22μm）、不锈钢筛网（80～100μm）、三角瓶、载玻片、盖玻片、剪刀、镊子、离心管、培养皿、注射器、巴斯德吸管、血细胞计数器、封口膜、火柴、脱脂棉。

四、实验步骤

1. 烟草叶片和胡萝卜悬浮细胞新分离出来的原生质体（仍停留在酶溶液中）1∶1混合，使悬浮液通过一个80μm孔径的滤网，将滤出液收集在离心管中，管口用螺丝帽盖严。

2. 滤出液在 50g 下离心 6min，沉淀原生质体。弃上清液，10ml 溶液Ⅰ重新悬浮原生质体进行清洗，50g 下离心 5min，沉淀原生质体。

3. 将洗过的原生质体重新悬浮在溶液Ⅰ中，制成体积分数为 4%～5%的原生质体悬浮液。

4. 在 60mm×15mm 的培养皿中放 2～3ml 硅液 200，在液面上放一张 22mm×22mm 的盖片。

5. 用吸管吸取 0.15ml 原生质体悬浮液置于盖片上。大约 5min 后，原生质体在盖片上沉降形成薄层。

6. 在原生质体悬浮液中逐滴加入 0.45ml PEG 溶液，倒置显微镜下观察原生质体粘连情况。并在室温（24℃）下，将 PEG 溶液中的原生质体保温 10～20min。其中 10min 时，轻轻加入 2 滴（每滴 0.5ml）溶液Ⅱ，20min 后，加入 1 滴原生质体培养基 Y1。

7. 5min 后，加入 10ml 新鲜的原生质体培养基 Y1，将全部溶液放入离心管中，在 750r/min 下离心 5min，去上清液，将沉淀物用原生质体培养基 Y1 清洗 3 遍，然后用原生质体培养基 Y1 稀释原生质体到 10^5 个/ml，进行培养。

8. 将 2ml 原生质体融合物置 6cm 培养皿中，用封口膜封口，置 26～28℃下培养（散射光或暗处）。2 周后，每皿加入 0.5ml 甘露醇减半的同样培养基，并将培养皿转移到散射光下进行培养，直至形成肉眼可见的小愈伤组织块。将小愈伤组织转移到芽诱导培养基 Y2 上，诱导芽分化。

9. 在倒置显微镜下观察融合结果。两种亲本的原生质体融合在一起呈球形或椭圆形；由同种或异种原生质体聚集在一起呈哑铃形或三聚体，中间有明显质膜相隔，为未融合的聚集体。

五、注意事项

1. PEG 相对分子质量大于 1 000 时，才能诱导原生质体发生紧密的粘连和高频率的融合。一般所用的 PEG 相对分子质量为 1 500～6 000，浓度范围为 15%～45%。溶液过度稀释不利于融合，原因可能是在这种情况下原生质体很快合成新壁。

2. PEG 的稀释应逐步进行。剧烈洗涤的结果将只能形成很少的异核体。

3. 在 PEG 溶液中加入钙离子可以提高融合频率。

4. 幼叶和快速生长的愈伤组织制备的原生质体融合效果较好。

5. 高温（35～37℃）能提高融合频率，低温（15℃）可促进原生质体的粘连。

6. 原生质体的群体密度影响融合频率。一般来说，4%～5%（原生质体容积/液体容积）的原生质体悬浮液形成的异核体频率最高。

7. 制备原生质体时，所用的酶的种类和浓度是影响原生质体融合的另一个因子。使用崩溃酶制备的原生质体最易融合，只是这种酶对原生质体活力有不利影响。

8. 培养细胞的原生质体对酶、PEG 以及高 pH、高浓度钙离子处理有相当强的忍耐力，但叶肉细胞对这些条件相当敏感。先把叶片培养几天，可以提高叶肉原生质体对这些处理的忍耐力。

9. 融合实验是在离心管中进行的，在融合处理后必须进行反复的离心，而这对融合原生质体的产量和活力有不利的影响，因此最好采用在盖玻片上的 0.15ml 小液滴中进行原生质体融合。

10. 在 PEG 溶液中，保温处理时间过长会降低异核体形成频率。

六、实验报告及思考题

1. 每两人为一组，进行原生质体融合和培养实验，并用图表描述原生质体 PEG 融合的全过程。

2. 植物原生质体 PEG 融合方法的原理是什么？

3. 原生质体融合技术在作物改良中有何意义？可能存在哪些问题？

4. 进行原生质体的 PEG 融合应注意哪些问题？

实验十八 马铃薯体细胞原生质体的电融合

1979 年，Senda 等首次使用电脉冲诱导植物原生质体融合，后经 Zimmermann 等（1981）改良，诱导了高频率的原生质体融合。由于电融合法（electrofusion）具有对原生质体的毒性小，融合过程的各种参数易于控制，操作简单，融合迅速和同步，重复性好，融合频率高，以及可在倒置显微镜下直接观察整个融合过程等优点，从而使电融合技术得以迅速发展和应用。

马铃薯普通栽培种是同源四倍体，基因分离复杂，隐性基因难以表现，且受倍性水平差异的限制，很难与该家族中大量的二倍体野生种进行有性杂交，限制了野生种质的充分利用。体细胞杂交技术是克服马铃薯不同倍性间有性杂交障碍的有效方法。

一、实验目的

了解和掌握植物体细胞原生质体电融合的基本操作方法和技术。

二、实验原理

电融合法是使用较多的细胞融合方法之一。其原理是在短时间强电场的作用下，细胞膜发生可逆性电击穿，瞬时失去其高电阻和低通透特性，然后在数分钟后恢复原状。当可逆电击穿发生在两个相邻细胞的接触区时，即可诱导其膜相互融合，从而导致细胞融合。

电融合法需要细胞融合仪和融合电极，融合电极有平行板电极、环形电极、倒锥形槽电极、双螺旋电极和圆柱槽电极等多种形式。电融合时先将原生质体悬浮液置于融合电极的两电极间，然后施加高频交流电场（一般电场强度为 100～350V/cm，频率为 0.4～1.5MHz），使原生质体偶极化而沿电场方向泳动，并相互吸引形成与电场方向平行的原生质体串（图 17）。接着给以 1 次或多次瞬间高压直流电脉冲（一般电场强度为 1～3kV/cm，宽幅为 10～100μs），使原生质体质膜发生可逆性击穿而形成融合体。

电融合时原生质体的密度、融合液的成分、电极的材料和间距、交变电场强度、直流脉冲的强度、宽幅及次数等都能影响融合的效应及频率。对于不同的植物材料需要经过多次实验，才能找出这些参数的适宜值。

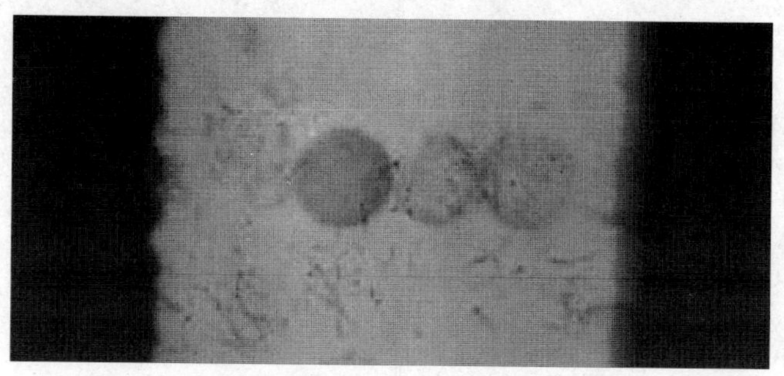

图 17 在交变电场作用下原生质体排列成串

三、实验材料和用具

1. 实验材料 马铃薯继代培养 4 周无菌苗的叶片和生长 10d 左右无菌实生苗的下胚轴。

2. 实验药品 RA 基本培养基（表 9），即大量元素：KNO_3、NH_4Cl、$CaCl_2 \cdot 2H_2O$、$MgSO_4 \cdot 7H_2O$、KH_2PO_4；铁盐：Na_2-EDTA、$FeSO_4 \cdot 7H_2O$；微量元素：$MnSO_4 \cdot 4H_2O$、$ZnSO_4 \cdot 7H_2O$、H_3BO_3、KI、$Na_2MoO_4 \cdot 2H_2O$、$CuSO_4 \cdot 5H_2O$、$CoSO_4 \cdot 7H_2O$；有机物质：盐酸硫胺素、盐酸吡哆醇、烟酸、生物素、叶酸、甘氨酸、水解酪蛋白、硫酸腺嘌呤、肌醇、山梨醇、木糖醇、甘露醇、蔗糖、葡萄糖；琼脂、KOH、HCl、灯用酒精、纤维素酶 Onozuka R-10、离析酶 Macerozyme R-10、NAA、6-BA、IAA、ZT。

3. 培养基和试剂

①酶液：1%纤维素酶（Onozuka R-10）+0.25%离析酶（Macerozyme R-10）+0.3mol/L 甘露醇+10mmol/L $CaCl_2 \cdot 2H_2O$+0.7mmol/L KH_2PO_4，pH5.8，过滤灭菌。

②原生质体洗涤液：10mmol/L $CaCl_2 \cdot 2H_2O$+0.7mmol/L KH_2PO_4+0.3mol/L 甘露醇，pH5.8。分装于三角瓶中，高压灭菌备用。

③电融合液：0.25～0.55mol/L 甘露醇，高压灭菌备用。

④马铃薯原生质体培养基：RA + 1.0mg/L NAA + 0.4mg/L 6-BA，pH5.6。

⑤马铃薯芽分化培养基：RA（其中肌醇为 100mg/L、甘露醇为 0.2mg/L、蔗糖为 0.25%，去除山梨醇和木糖醇）+1.0mg/L IAA+2.5mg/L ZT+0.7%琼脂。

表 9 RA 马铃薯原生质体培养基的组成

成 分	含 量	成 分	含 量
KNO_3	1 900mg/L	KI	0.42mg/L
NH_4Cl	267.5mg/L	$Na_2MoO_4 \cdot 2H_2O$	0.13mg/L
$CaCl_2 \cdot 2H_2O$	440mg/L	$CuSO_4 \cdot 5H_2O$	0.013mg/L
$MgSO_4 \cdot 7H_2O$	370mg/L	$CoSO_4 \cdot 7H_2O$	0.015mg/L
KH_2PO_4	170mg/L	盐酸硫胺素	0.5mg/L
Na_2 - EDTA	18.5mg/L	盐酸吡哆醇	0.5mg/L
$FeSO_4 \cdot 7H_2O$	13.9mg/L	烟酸	0.5mg/L
$MnSO_4 \cdot 4H_2O$	9.9mg/L	生物素	0.05mg/L
$ZnSO_4 \cdot 7H_2O$	4.6mg/L	叶酸	0.5mg/L
H_3BO_3	3.1mg/L	甘氨酸	2.0mg/L
水解酪蛋白	100mg/L	硫酸腺嘌呤	40mg/L
肌醇	0.025mol/L	甘露醇	0.175mol/L
山梨醇	0.025mol/L	蔗糖	0.05mol/L
木糖醇	0.025mol/L	葡萄糖	0.05mol/L

4. 实验用具 细胞融合仪、融合电极、超净工作台、高压蒸汽灭菌锅、培养箱、蒸馏水器、超纯水器、烘箱、冰箱、天平、酸度计、倒置显微镜、荧光显微镜、离心机、细菌过滤器、微孔滤膜（0.45μm 和 0.22μm）、不锈钢筛网（80～100μm）、三角瓶、载玻片、盖玻片、剪刀、镊子、离心管、培养皿、注射器、巴斯德吸管、血细胞计数器、封口膜、火柴、脱脂棉、线绳。

四、实验步骤

1. 酶解 分别取 1g 马铃薯无菌苗的叶片和无菌实生苗的下胚轴，剪成 3～5mm 见方的小块后，分别放入盛有 10ml 酶液的培养皿中，用封口膜封口，置于 24～26℃下酶解 4～8h。

2. 纯化 酶解结束后，在倒置显微镜下可见到大量圆球形的原生质体。用不锈钢筛网（80～100μm）分别过滤酶解混合液，以除去较大的组织碎块及残片。收集滤液于一带盖离心管中，于 800r/min 下离心 5min，弃上清液，加入原生质体洗涤液，重新将原生质体悬浮，并再次离心，如此重复 2 次。最后用原生质体培养基再洗涤一次，悬浮于电融合液中。用血细胞计数器将原生质体的密度调整为 10^5 个/ml，然后将叶片和下胚轴的电融合液按 1∶1 比例混合。

3. 原生质体的融合 将悬浮液加入到融合室的电极内，选定正弦波的频率（常用范围 0.4～1.5MHz）后，逐渐加大其峰—峰电压（常用范围 100～250V/cm），在倒置显微镜下观察原生质体成串情况，以形成 2～3 个细胞串、原生质体不被拉长为度。然后施加以1～2次瞬间高压直流电脉冲（一般电场强度为1～3kV/cm，宽幅为10～100μs）。融合完毕后，将悬浮液移到离心管中，待所有的融合都完毕后，于500r/min下离心5min，除去融合液，将沉淀的原生质体用原生质体培养基稀释到浓度为10^5个/ml后，进行培养。

4. 培养　采用液体浅层培养法。将原生质体悬浮液分装于Φ3cm或Φ6cm培养皿中，每皿分别约1.5ml和2ml。用封口膜封口，置于24～26℃下，黑暗培养。约2周后，在每皿中加入0.5ml甘露醇减半的同种培养基，并将培养皿转移到散射光下进行培养，直至形成肉眼可见的小愈伤组织。将小愈伤组织转移到固体分化培养基上，诱导芽的分化。

5. 杂种植株的鉴定

（1）形态学鉴定。观察杂种植株及其亲本的株型、株高、分枝型、植株生长势、茎色、叶色、叶片的大小与形状、花的颜色与花形、表皮毛状体类型、花粉粒的大小和形状、种子的有无及其大小、形状和颜色、块茎性状等。

（2）细胞学鉴定。包括染色体计数、染色体分带和核型分析，叶片保卫细胞叶绿体计数等。

（3）生化分析。包括同工酶谱分析，如磷酸葡萄糖变位酶、磷酸葡萄糖异构酶、苹果酸脱氢酶、异柠檬酸脱氢酶、6-磷酸葡萄糖脱氢酶和酯酶等同工酶；叶绿体组分Ⅰ蛋白（即1,5-二磷酸核酮糖羧化酶RuBpcase）的小亚基多肽图谱分析等。

（4）分子生物学鉴定。包括叶绿体DNA、线粒体DNA和核DNA的分析。方法主要有Southern印迹杂交法，分子标记技术，如DNA限制性片段长度多态性（RFLP）、随机扩增多态性DNA（RAPD）、扩增片段长度多态性（AFLP）和微卫星DNA等，基因组原位杂交（GISH）技术等。

五、实验报告及思考题

1. 每两人一组，绘图表示所观察到的原生质体电融合的全过程。
2. 说明原生质体电融合的原理。
3. 原生质体电融合时应注意哪些问题？

实验十九　马铃薯茎尖培养脱毒

马铃薯因病毒侵染退化严重，植株矮化，花叶和卷叶，产量下降，严重影响马铃薯的生产。危害马铃薯的病毒有20多种，我国马铃薯产区主要的危害病毒有马铃薯X病毒、Y病毒、A病毒、S病毒、卷叶病毒和纺锤形块茎类病毒，其中卷叶病毒和Y病毒能使块茎减产50%～80%，纺锤形块茎类病毒可减产20%～30%。目前，生产马铃薯的国家都利用茎尖培养技术进行马铃薯无病毒植株的培养。利用该技术还可除去多种真菌、细菌及线虫，使品种复壮，抗逆性增强，减少化肥和农药施用量，提高作物产量和品质。如马铃薯脱毒薯的株高比对照增加63.4%～186.3%，叶面积增加114.3%～257.1%，茎粗增加11.1%～180.0%，结薯期提前，产量增加30%～60%。

一、实验目的

掌握马铃薯茎尖剥离和培养技术，熟练使用相关的仪器设备和工具。

二、实验原理

植物体内的病毒分布不均匀，在茎尖中呈梯度分布。受侵染的植株中，顶端分生组织无毒或含毒量极低，老组织含毒量较高，并且随着与茎的顶端分生组织距离的加大而增加。这是因为茎尖分生组织处于分化的初级阶段，其初期维管还未与茎内的主维管束相连通。此时植物体内的病毒颗粒只能通过胞间连丝移动到分生区，而这一移动过程的速度远不及细胞分裂的速度。利用这一特点，剥取茎尖外植体（指茎的顶端分生组织及其下方的1～2个叶原基，0.1～0.5mm）进行离体培养，就可以得到脱病毒植株。

马铃薯茎尖培养脱毒的原因可能是：①在寄主代谢旺盛的分生组织部位，病毒与寄主的竞争处于劣势；②分生组织缺乏完整的维管束组织；③茎尖分生组织的生长素浓度高，影响病毒的复制；④培养基的某些成分如2,4-D等能抑制病毒增殖或使其失活。

侵染马铃薯植株的病毒在体内的分布是不均匀的，有些病毒颗粒距生长点较远（如马铃薯卷叶病毒和Y病毒分布在茎尖1.0～3.0mm以内），有些较近

（如 X 病毒在茎尖 0.2～0.5mm 以内），有些则基本在生长点附近（如 S 病毒和纺锤形块茎类病毒在茎尖的 0.2mm 以内），导致不同病毒被脱除的难易程度差异很大。因此，脱毒前首先应对入选块茎进行病毒检测，淘汰已感染不易脱除病毒的块茎，提高植株脱毒效果。另外，热处理也可以加速植物细胞分裂，使植物细胞在与病毒繁殖的竞争中取胜；且热处理还可以钝化病毒活性，使病毒在植株体内的增殖减缓或停止。

三、实验材料及用具

1. 实验材料　马铃薯块茎萌发芽。

2. 实验药品　MS 基本培养基、琼脂、5%～7%次氯酸钠、GA_3、NAA、IAA、6-BA、70%酒精、无菌水。

3. 培养基

①马铃薯快繁培养基（M1）：MS+0.7%琼脂，pH5.8。

②马铃薯茎尖生长培养基（M2）：MS+0.1 mg/L GA_3+0.5 mg/L 6-BA+0.1 mg/L NAA（或 IAA）+琼脂 0.7%，pH 5.8。

4. 实验用具　超净工作台、光照培养箱、体视显微镜、高压蒸汽灭菌锅、1/100 电子天平、1/10 000 电子天平、酒精灯、微波炉、电炉子、pH 计、电冰箱、解剖针、剪刀、镊子、手术刀、试管、培养瓶、培养皿、烧杯、试剂瓶、量筒、滴管、火柴、脱脂棉、废液缸、封口膜、线绳。

四、实验步骤

1. 材料消毒　取 2cm 长的块茎萌发芽置无菌烧杯中，在超净工作台上，用 70%酒精浸没灭菌处理 20s，随即用 5%～7%次氯酸钠溶液浸没灭菌处理 20min，用无菌水冲洗 4～6 次，无菌滤纸吸干，备用。

2. 无菌植株获得及热处理　剥取约 1cm 大小的茎尖外植体，接种在 M1 培养基上进行培养。待成苗后，转入光照培养箱中，在 2 500～3 000 lx、16h/d、36℃±1℃条件下处理 2～3 周。

3. 茎尖分生组织剥离及培养　在 40 倍体视显微镜下，剥取带有 1～2 个叶原基的茎尖（0.1～0.4 mm），接种在 M2 培养基上进行培养。培养温度 23℃±2℃，光照时间 16 h/d，光照度 2 000 lx。

4. 脱毒植株获得及繁殖　待单芽分化出 2 片可见叶、茎明显伸长时，转入 M1 培养基上培养，苗高 4～5cm 时继续在 M1 培养基上扩繁。

5. 病毒检测与试种观察 采用ELISA方法（见实验二十五）检测试管苗的脱毒效果，并配合指示植物及电镜观察。确认不带有病毒的试管苗大量扩繁前，需试种观察，即将每个无病毒株系的试管苗取出一部分进行生产试验，检验其是否发生变异，是否符合原品种的生物学特性及农艺性状。

五、实验报告及思考题

1. 每人剥离接种10个马铃薯茎尖并培养，观察其生长发育过程。
2. 试述脱毒技术在生产上有何实际意义。
3. 目前已推广应用的农作物脱毒苗有哪些植物种类？
4. 为什么通过茎尖分生组织培养可以得到脱毒苗？
5. 进行马铃薯茎尖组织培养脱毒时应注意哪些问题？

实验二十　苹果茎尖培养脱毒

我国苹果栽培面积和总产量都居世界首位，但单产低、品质差，造成这一现象的重要原因之一是随嫁接传染的病毒病。我国栽培苹果带毒株率达60%～100%，已报道的病毒种类达27种之多。对苹果生产危害较大的病毒有苹果花叶病毒、褪绿叶斑病毒、茎沟病毒、茎痘病毒、苹果锈果类病毒、苹果绿皱果病毒等，它们使树势衰退，果实产量与质量下降，严重的会导致植株死亡，甚至全园毁灭。

病毒病不同于真菌或细菌病害，其复制、增殖与植物正常代谢过程密切相关，不能使用杀菌剂和抗生素防治。苹果树受染后，病毒主要在细胞内寄生、增殖，很快传染到树体其他部位，干扰破坏正常生理机能，导致长势减退，产量下降，品质变劣，直至全株死亡。对于感染病毒病的树体尚无有效治疗方法。因此，培育无病毒母本树，栽培无病毒苗木，是防治苹果病毒病的根本途径。

一、实验目的

了解苹果茎尖培养及热处理结合茎尖培养脱毒机理；掌握苹果茎尖培养及脱毒方法。

二、实验原理

病毒在感染植物上分布不一致，这是由于病毒在植物体内主要通过疏导组织活动，且多数病毒还需借助运动蛋白对胞间连丝进行修饰方能容病毒核酸通过，而在茎尖的分生组织内疏导组织并未形成，使得病毒无法在细胞间传播；加上顶端分生组织细胞不断分裂，竞争增殖所需能量，而病毒增殖速度和向上传递速度赶不上分生细胞分裂和生长的速度。因此，茎尖生长点（0.1～1.0cm 区域）几乎不含有病毒，可用于脱毒培养。苹果生产中利用这种方式获得了较好的脱毒效果。

研究发现，苹果采用2次取茎尖的方法获得了比常规茎尖脱毒率高的效果，并且实验操作难度降低。另外，用热处理和茎尖培养相结合的方法脱毒效果也较好，采用这种方法可以增加脱出病毒的种类和脱毒率，茎尖大小可切到1mm，易分化出苗，降低操作难度，该方法的脱毒率可达到50%～83.3%。

热处理脱毒的依据是病毒和寄主细胞对高温忍耐性不同，选择适当的温度和处理时间，可抑制病毒繁殖、延缓其扩散速度，使寄主细胞的生长速度超过病毒扩散速度，从而在这一高温下长出的新植株、器官或组织都有可能不带有病毒。因此，辅助热处理的茎尖培养可获得脱毒苗。

三、实验材料和用具

1. 实验材料 幼嫩的苹果植株。

2. 实验药品 MS基本培养基、琼脂、70%酒精、灯用酒精、0.1%氯化汞、吐温20、IBA、6-BA、NAA、维生素C。

3. 培养基

①苹果丛生芽诱导培养基（P1）：MS＋0.5～1.5 mg/L 6-BA＋0.01～0.05 mg/L NAA＋100 mg/L 维生素C＋6.0 g/L琼脂，pH5.8。

②苹果继代培养基（P2）：MS＋0.5～1.0 mg/L 6-BA＋0.05mg/L NAA＋6.0g/L琼脂，pH5.8。

③苹果生根培养基（P3）：1/2MS（不含蔗糖）＋20 g/L蔗糖＋6.0 g/L琼脂，pH5.8。

4. 实验用具 超净工作台、体视显微镜、低温冰箱、高压蒸汽灭菌锅、蒸馏水器、酸度计、天平、酒精灯、解剖刀、剪刀、镊子、试管、培养皿、三角瓶、烧杯、移液管、量筒、酒精缸、玻璃记号笔、脱脂棉、火柴、废液杯、刀片、封口膜、线绳。

四、实验步骤

1. 热处理 将幼嫩的苹果植株置于37℃±1.5℃的人工气候箱中热处理28d。

2. 取材 剪取生长旺盛的新梢梢尖（2～3cm），去掉大叶片。自来水冲洗30min，移至超净工作台内，70%酒精浸泡30s，蒸馏水冲洗后放入0.1%氯化汞＋0.1%吐温-20中灭菌10min，期间尽量充分摇动药液，使液体充分渗入组织，无菌水冲洗3～5次。无菌滤纸吸干，备用。

3. 茎尖剥取和培养 将灭菌后的材料置于体视显微镜下，仔细剥离幼叶和叶原基，只留1～2个叶原基，即切取0.3～0.5 mm大小的茎尖分生组织，立即接种于P1培养基上进行培养。培养温度25℃±2℃，光照度1 500～2 000 lx，光照时间14 h/d。

4. 继代培养　当形成丛生芽块时，切取小芽接种在P2培养基上培养。培养条件同上。

5. 生根培养　当新梢叶片充分伸展后，切取3～5cm新梢，将其基部浸入100mg/L IBA溶液15～30min，然后插入P3培养基进行生根培养。

6. 驯化移栽　不定根长至1cm时，移至光照度2 000～3 500 lx下培养20d左右，去封口膜锻炼2～5d。炼苗后将苗根部培养基洗净，转入盛有灭菌土的容器中，放在培养室内保温保湿培养，经30～40d的锻炼，移栽于温室中。

7. 脱毒效果检测

(1) 指示植物法。利用弗吉尼亚小苹果可检测茎痘病毒和茎沟病毒；斯派227和光辉苹果可检测出茎痘病毒；苏俄苹果可检测褪绿叶斑病毒；草本指示植物昆诺藜和心叶烟可检测褪绿叶斑病毒和茎沟病毒等。指示植物检测苹果病毒可在大田或温室进行，也可采用试管嫁接方法。指示植物法虽然简单，但检测速度很慢，灵敏度也较低。

(2) 电镜法。电子显微镜能直接观察到苹果病毒粒子的形态特征，其优点是快速、直观，但需用电子显微镜，且样品制备费用较高，所以应用受到限制。

(3) 酶联免疫吸附测定法（ELISA）。是当前生产中应用最广泛的病毒检测方法，目前该方法可以检测多种苹果病毒，我国已制得了褪绿叶斑病毒、茎沟病毒的抗血清，可利用ELISA快速检测这两种病毒。

(4) 分子生物学技术。该方法是通过检测病毒核酸来证实病毒的存在，其灵敏度比ELISA高，特异性强，检测快速，并可用于大量样品的检测，适用范围广，检测对象可以是RNA病毒、DNA病毒和类病毒。目前，常用的分子生物学技术包括核酸分子杂交技术、双链RNA电泳技术、RT-PCR技术等。在苹果上利用RT-PCR技术可以检测多种病毒。

五、实验报告及思考题

1. 每人剥离苹果茎尖10个，接种后定期观察和描述茎尖生长情况。
2. 试分析诱导培养基中维生素C的作用。
3. 如何鉴定茎尖组织培养形成的试管苗是否带毒？

实验二十一　蝴蝶兰茎尖组织培养

蝴蝶兰为兰科蝴蝶兰属植物，素有“洋兰皇后”之称，株型奇特，是单茎附生兰的代表种，其极少发育侧枝，比其他种类的兰花更难以进行常规无性繁殖，无法大量生产。蝴蝶兰的人工繁殖主要通过种子无菌发芽和组织离体培养两条途径进行，其中离体茎尖培养，可产生原球茎（protocorm - like body，PLB），是一种理想的繁殖手段，不仅能获得大量表型一致的再生植株，而且可脱去病毒。但蝴蝶兰只有1个茎尖，如果直接从开花植株取得茎尖作为外植体，会破坏植株。因此，目前蝴蝶兰的繁殖多以花梗侧芽、花梗节间为外植体，经组织培养获得植株后，再从组培苗上取得茎尖，经诱导培养获得原球茎。

一、实验目的

掌握蝴蝶兰茎尖再生原球茎的技术。

二、实验原理

兰花离体茎尖经过培养，形成一个扁球状体，基部着生假根，即原球茎，其在形态上与种子萌发时由胚形成的原球茎相似。茎尖的大小决定它是形成原球茎还是长成植株。一般来说，小于1.5cm的茎尖能产生原球茎，否则发育为一个植株，商品生产时，使用5～10mm长的茎尖进行培养。由茎尖形成的原球茎起源于叶片的表皮或下表皮细胞。分割原球茎，通过其表皮细胞的活动（原球茎的内层组织不具备再生新原球茎的潜力）进行增殖，形成原球茎丛。这种增殖过程可以无限反复进行。如果停止切割，每个原球茎就能在原来的培养基上长成一个完整的小植株。

椰乳、马铃薯、苹果等有机添加物是蝴蝶兰组织培养中常用的有机添加物，它们含有氨基酸、矿物质、维生素和碳水化合物等成分，这些成分对细胞的增殖和培养物的生长有明显的促进作用。其中200ml/L椰乳对蝴蝶兰原球茎增殖效果最好。另外，蝴蝶兰组织培养过程中遇到的褐变问题还没有完全解决，但可以采取适当的措施加以控制，如在培养基中加入柠檬酸、维生素C

等可明显减轻褐化，这可能与柠檬酸和维生素 C 等抑制多酚氧化酶活性或增强醌类化合物还原性有关。

三、实验材料及用具

1. 实验材料　蝴蝶兰花梗节段或无菌试管苗。

2. 实验药品　MS 基本培养基、琼脂、6-BA、NAA、柠檬酸、漂白粉、0.1%氯化汞、75%酒精、吐温-20、椰乳、无菌水、灯用酒精。

3. 培养基

①蝴蝶兰无菌丛生苗诱导培养基（L1）：MS＋3～5mg/L 6-BA＋6g/L 琼脂。

②蝴蝶兰茎尖原球茎诱导培养基（L2）：MS＋2.0mg/L NAA＋4.0mg/L 6-BA＋15%椰乳＋30mg/L 柠檬酸＋6g/L 琼脂。

③蝴蝶兰原球茎增殖培养基（L3）：MS＋2.0 mg/L 6-BA＋0.2 mg/L NAA ＋10%椰乳＋6 g/L 琼脂。

④蝴蝶兰原球茎成苗培养基（L4）：MS ＋6g/L 琼脂。

4. 实验用具　超净工作台、光照培养箱、高压蒸汽灭菌锅、体视显微镜、解剖刀、解剖针、微波炉或电炉、移液管、量筒、试剂瓶、滴管、培养皿、烧杯、三角瓶、封口膜、线绳、火柴、滤纸。

四、实验步骤

1. 取材　剪取蝴蝶兰的整枝花梗，用软毛刷蘸肥皂水刷洗花梗表面，自来水冲洗后将花梗上段切成带腋芽的节段，滤纸吸干水分，备用。

2. 灭菌处理　将花梗切段，用 75%酒精中浸泡灭菌处理 30s，取出后无菌水洗涤 2～3 次；在加有几滴吐温-20 的饱和漂白粉溶液中浸泡处理约 10min，或用 0.1%的氯化汞溶液灭菌 12～15min，然后用无菌水冲洗 4～5 次。无菌滤纸吸干水分，备用。

3. 无菌丛生苗的获得　将花梗剪成 2cm 长带腋芽的切断，插入 L1 培养基，在 28℃、1 000～1 500 lx、14h/d 培养条件下培养。5d 腋芽开始萌动膨大，25d 后长出小叶。

4. 茎尖剥离　在无菌体视显微镜下，用解剖工具将丛生苗茎尖的幼叶剥掉，露出新芽，用解剖刀切取茎尖，大小 2～3 mm，并用解剖针在茎尖顶端慢慢划几次。

5. 原球茎的诱导 茎尖接种在L2培养基上。培养在25℃、光照度2 000 lx、光照时间16～24h/d条件下，生长点开始呈绿色，茎叶先开始生长，然后生长点组织的基部开始肥大，经过2～3周的培养，形成原球茎。

6. 原球茎的增殖 将原球茎切割成小块（直径大于2mm），转移到L3培养基中进行增殖培养。培养条件为恒温25℃，光照度2 000 lx，光照时间16～24h/d。培养45d左右的原球茎应进行转接。转接过早，虽然其粒径大、品质好（粒径≥3mm的原球茎数占67.8%），无玻璃化，但增殖系数低；转接过晚则瓶内营养不足，产生的新球体过于细小，原球茎品质不佳，甚至出现不同程度的玻璃化现象。

7. 幼苗的形成 将原球茎接种在L4培养基中继续生长，60 d后陆续出芽，约100 d后长成有2～3片叶的小苗。

五、实验报告及思考题

1. 每人剥取10个试管苗茎尖，进行原球茎的诱导和培养，并仔细观察和描述原球茎的形成过程。

2. 蝴蝶兰茎尖组织培养的意义是什么?

3. 蝴蝶兰茎尖组织培养操作的注意事项有哪些?

实验二十二　香石竹茎尖培养脱毒

香石竹又名康乃馨，属石竹科石竹属，多年生草本植物。香石竹主要靠侧芽扦插来扩大繁殖，长期的营养繁殖使病毒病危害严重，切花质量变劣，产花量降低。危害香石竹的病毒已发现多种，如香石竹花叶病毒、香石竹斑驳病毒、香石竹线条病毒、香石竹潜伏病毒、香石竹坏斑病毒、香石竹蚀环病毒、香石竹脉斑驳病毒等。利用茎尖繁殖无毒苗，可增加繁殖数，确保遗传性状稳定，提高切花质量。

一、实验目的

掌握香石竹茎尖培养技术。

二、实验原理

香石竹茎尖分生组织处于分化的初级阶段，其初期维管还未与茎内的主维管束相联通。此时植株体内的病毒颗粒只能通过胞间连丝移动到分生组织，而这一移动过程的速度远不及细胞分裂的速度。因此，剥取香石竹茎的顶端分生组织及其下方的 1～2 个叶原基作为外植体进行离体培养，就可以得到脱毒植株。

三、实验材料及用具

1. 实验材料　香石竹顶芽。

2. 实验药品　MS 基本培养基、琼脂、KT、NAA、IBA、70%酒精、0.1%氯化汞、吐温-20、无菌水。

3. 培养基

①香石竹茎尖增殖培养基（X1）：MS＋2.15 mg/L KT＋0.02 mg/L NAA＋0.6%琼脂。

②香石竹生根培养基（X2）：1/2MS＋0.037 mg/L NAA＋0.041 mg/L IBA＋0.6%琼脂。

4. 实验用具 超净工作台、光照培养箱、恒温振荡培养箱、高压蒸汽灭菌锅、体视显微镜、解剖刀、解剖针、微波炉或电炉、移液管、量筒、试剂瓶、滴管、培养皿、烧杯、三角瓶、脱脂棉、封口膜、线绳、滤纸。

四、实验步骤

1. 取材 在田间或盆栽植株中，选取生长健壮、无病虫害的植株，采取带有2对大叶和可见2～3对嫩叶的顶芽，采回后剥去大叶，只留未展开的嫩叶。在烧杯中用自来水洗净，滤纸吸干水分。

2. 灭菌处理 在超净工作台上，用70%酒精处理30～60s，倾出酒精后，无菌水洗涤2～3次；倒入加入几滴吐温-20的0.1%氯化汞，并轻搅灭菌处理8～12min，倾去氯化汞，无菌水洗涤4～5次。置无菌滤纸上吸干水分，备用。

3. 茎尖剥离 借助体视显微镜，用解剖针剥开外层叶片，再用解剖刀轻轻切除外层嫩叶，剥离2对嫩叶后，裸露出茎尖，切下0.3～0.5 mm的茎尖。

4. 接种培养 将切下的茎尖迅速接种到X1培养基上进行培养。培养温度为20～25℃，光照度1 000～3 000 lx，光照时间16h/d。经过5～6周的培养，可以获得无菌小苗。

5. 继代培养 将无菌小苗剪取2cm以上的嫩茎，在X1培养基上进行继代增殖培养。

6. 生根培养 剪取2cm以上嫩茎，转接在X2培养基上，15d左右形成根系。

7. 脱毒效果检测 常用病毒检测方法有指示植物法、免疫血清法、电镜法，生产上多采用指示植物进行鉴定，如利用指示植物苋色藜可检测香石竹斑驳病毒和环斑病毒的脱毒效果。

五、实验报告及思考题

1. 每人接种香石竹茎尖10个，观察和记载茎尖的增殖过程和试管苗生根情况。

2. 香石竹的茎尖组织培养的意义是什么？

3. 总结香石竹茎尖组织培养的操作流程。

实验二十三　植物病毒的机械传染技术

植株是否携带病毒需通过一定的手段进行鉴定，使用到的鉴定方法有多种，其中指示植物法是较为常用的方法之一。病毒是专性寄生的，其保存、繁殖和性状测定等都要通过植物的接种。利用指示植物进行植株脱毒效果检测时，需进行被检植株和指示植物间的病毒接种。植物病毒的接种方法与它的传染途径有关，已知的传染途径有：①机械传染；②嫁接传染和菟丝子传染；③昆虫和螨类传染；④土壤传染；⑤种子和花粉传染。传染途径是病毒鉴定性状和防治的重要依据。本实验学习病毒接种中最常使用的方法——机械接种技术。

病毒接种要注意环境卫生，防止病毒沾染和混杂。由昆虫传染的植物病毒，接种时一般要在有防虫网的条件下进行，保持清洁，并随时检查和定期喷内吸性杀虫剂。需接种的植株，最好避免互相接触，特别是对一些非常容易传染的病毒，如 TMV 和 PVX 等尤其重要。

一、实验目的

学习植物病毒传染实验的基础知识和基本原理，掌握植物病毒机械传染操作技术，熟练使用相关的仪器设备和实验常用工具。

二、实验原理

机械接种是在叶面上造成微小的伤口，使病毒从伤口进入细胞内而引起发病。机械接种是证明病毒传染性最简便的方法，也是病毒定量和研究病毒与寄主相互关系很重要的方法。机械接种的方法有病株汁液摩擦接种法、喷枪接种法、病组织直接接种法、针刺接种法、注射接种法等，其中病株汁液摩擦接种法是最常用的接种方法。已经知道的机械传染的病毒有 100 种左右，如花叶型和环斑型的病毒病大都可以传染，而黄化型的病毒病则不容易传染。

用来鉴别病毒的植物称为鉴别寄主。鉴别寄主主要是用于鉴别机械传染的病毒，一般都是用汁液摩擦接种的方法测定，要求接种后症状出现快而且稳定。一种病毒的鉴别寄主最好有三种不同反应的植物，即：①病毒不能侵染的植物；②病毒侵染后表现系统性病状的植物；③病毒侵染后表现局部病斑的植物（称为局部病斑寄主）。其中局部病斑寄主是最好的鉴别寄主，它对病毒的侵染表现过敏性反应，病毒只能在侵染点形成典型的局部褪绿斑、坏死斑或坏死环斑等。

局部病斑寄主不仅用于病毒的鉴别、分离和定量，还用于病毒病的研究。植物病毒的局部病斑寄主很多。一种病毒可以有几种局部病斑寄主，许多种病毒可以在同一种寄主上形成局部病斑，如藜科和茄科植物可以说是最重要的局部病斑寄主，最为特殊的是苋色藜，有 30 种以上的病毒在上面可以形成局部病斑。对各种病毒的局部病斑寄主有所了解，有助于选用适当的鉴别寄主，如马铃薯 X 病毒的局部病斑寄主很多，但以千日红比较好，因为其他马铃薯病毒在千日红上不形成局部病斑。

另外，植物中有的病毒症状出现很慢，或者不到一定的树龄不表现病状，很难判断植株是否感染病毒。如果将其嫁接到病状出现很快的寄主上，就可及时诊断。

三、实验材料及用具

1. 实验材料 感染烟草花叶病毒（tobacco mosaic virus，TMV）的烟草，健康烟草或苋色藜，也可是其他植物材料。

2. 实验药品 金刚砂（400～600 目）。

3. 实验用具 花盆、营养钵、研钵、滴管、电冰箱、剪刀、镊子、手术刀、试管、三角瓶、培养皿、烧杯、试剂瓶、量筒、毛笔、纱布、扁刷、喷枪、砂纸、细针、注射器、玻璃刮勺、标签、记号笔等。

四、实验步骤

1. 病株汁液制备 取病叶在研钵中研碎，加水 2～10 倍，用纱布过滤并挤出汁液，备用。

2. 汁液摩擦接种法 选取生长旺盛的苗期嫩叶，将少量细金刚砂（400～600 目）加在汁液中或撒在接种的叶面上作为磨料。用手指、纱布、玻璃刮勺、毛笔或小的扁刷等（以头剪平的毛笔和小扁刷较好），蘸取汁液在叶片上来回轻轻摩擦。然后用清水将叶面多余的汁液和磨料轻轻洗去。

3. 喷枪接种法 在 100ml 病株汁液中加金刚砂（400～600 目）12g，充分混合均匀，装于喷枪中。选择苗期植株，或大龄植株新展开的生长旺盛的嫩叶，喷射叶面接种。喷射压力是 147.1～196.1kPa，距离 2～5cm。

4. 病组织直接接种法　取小块病叶组织，用砂纸在表面上摩擦和稍加挤压，或将 7～8 张病叶叠齐，用手指夹紧，刀片切齐。清洁指示植物待接种叶片表面，并在叶面上均匀地洒上适量的金刚砂。将砂纸摩擦过的病叶表面或切面贴在洒有金刚砂的叶面上，来回轻轻摩擦接种。接种完毕后，用清水洗去多余的磨料和叶渣。

5. 针刺接种法　选取适当的病叶组织，清洁表面。选择指示植物苗期植株，或大龄植株新展开的生长旺盛的嫩叶，清洁表面。将病叶放在接种叶片上，用很细的针穿刺过病叶并使针尖稍微刺伤指示植物的叶，实现病毒的接种。

6. 注射接种法　选择苗期指示植物，将病株汁液注射茎部（或叶脉，或韧皮部），实现病毒的接种。

7. 接种效果观察　1～2 周后观察接种效果。

五、实验报告及思考题

1. 每人选用两种机械接种方法进行病毒接种，并仔细观察和记载植株的发病过程。

2. 植物病毒机械传染方法有哪些？试比较它们的接种效率。

3. 影响汁液摩擦接种效率的因素有哪些？

实验二十四　琼脂糖双向免疫扩散技术

免疫学（immunology）是研究外源物质侵入机体后所引起化学反应的性质及机制的一门学科。免疫反应（immunity reaction）包括抗原刺激机体产生抗体、抗原—抗体特异性结合、有害外源物质被消灭等一系列复杂过程。免疫化学技术是一种建立在抗原—抗体特异性反应基础上的综合性研究手段，具有特异性强、分辨率高等特点。从理论上讲，凡属可溶性抗原—抗体系统都可以用免疫测定法加以检测。免疫学方法与现代生物学方法和其他物理、化学测定方法相结合，已广泛应用于农业、畜牧业、渔业、临床医学等的教学、科学研究、生产应用中，而抗血清的制备与双向免疫扩散是最基本的实验操作和技术。

一、实验目的

学习免疫动物和抗血清的制备方法，了解双向免疫扩散的基本原理，掌握实验操作技术和相关仪器设备的使用方法。

二、实验原理

抗原与相应抗体具有分子表面结合特性，且两者结合具有一定比例。在分子比合适、电解质（如 NaCl、磷酸盐、巴比妥盐）存在时，产生可见的沉淀反应。免疫沉淀反应若在琼脂（糖）内发生，通过抗体或抗原的相互扩散，在适当的位置可形成沉淀。根据沉淀是否出现以及沉淀量的多少，可定性或定量检测样品中抗原和抗体的存在及其含量。当以人的 A、B、O 混合血清作为抗原，免疫动物（兔子）产生抗血清，适量抗原和抗体在琼脂（糖）中扩散，当两者相遇时，就可形成白色沉淀线。

三、实验材料及用具

1. 实验材料　健康家兔 2～3 只，年龄 6 个月以上，体重 2～3 kg。

2. 实验药品　A、B、O 混合血清、羊毛脂、碘酒、二甲苯、液体石蜡、

5%葡萄糖、叠氮钠、卡介苗、琼脂糖、巴比妥钠、巴比妥酸、氨基黑 10B、乙酸、乙酸钠、0.9%生理盐水、甘油、酒精。

3. 试剂

①抗原：正常人 A、B、O 混合血清（A、B、O 型血清等体积混合），也可根据实验内容而定。

②福氏不完全佐剂：羊毛脂、液体石蜡按质量 1∶4 或 1∶2 混合。

③福氏完全佐剂：不完全佐剂中加入一定量的死卡介苗，即为福氏完全佐剂。一般按卡介苗 30mg、羊毛脂 1g、液体石蜡 4g 配制。死卡介苗的用量一般为每只兔 30mg 死卡介苗或每毫升注射剂 4mg 死卡介苗。配制时，先将羊毛脂和液体石蜡混合灭菌。临用前在无菌条件下，先将佐剂置研钵内，再将死卡介苗、抗原溶液逐滴加入佐剂，顺一个方向研磨，制成乳剂。活卡介苗置 56℃，维持 30min，即可灭活。

④1%～1.5%离子琼脂糖：称取 1～1.5 g 纯净的琼脂糖，用离子强度为 0.03、pH8.3 的巴比妥缓冲液配制。可先加入适量溶液加热熔化后补水至 100ml，再使其充分熔化。

⑤离子强度 0.06、pH8.6 巴比妥缓冲液：称取 10.3 g 巴比妥钠、1.84 g 巴比妥酸溶于水，稀释至 1 000ml。配制离子琼脂时，可将其稀释 1 倍，使离子强度为 0.03。

⑥0.05%氨基黑 10B 染色液：称取 0.5 g 氨基黑 10B，溶于 500ml 1mol/L 乙酸及 500ml 0.1mol/L 乙酸钠溶液中。

⑦0.9%生理盐水。

⑧5%乙酸脱色液。

⑨10%甘油。

4. 实验用具　注射器、剪刀、研钵、无菌棉球、台灯、三角瓶、离心管、平头玻璃棒、离心机、量筒、玻璃板、酒精灯、试管、培养皿、滤纸、玻璃纸、火柴、标签、注射器及针头、滴管、脱脂棉。

四、实验步骤

1. 抗血清的制备

（1）对选择的家兔编号、标记。

（2）血清（抗原）乳剂的制备。取 1ml 正常人 A、B、O 混合血清，无菌条件下，按照佐剂配制的研磨法加等体积完全佐剂，制成乳白色黏稠的油包水乳剂。制成的乳剂是否为油包水乳剂直接影响到免疫效果，因此必须进行鉴定，即将制得的佐剂乳剂滴于冷水表面，水滴应保持完整而不分散，否则，需重新制备。

（3）免疫方法。在兔子的四足掌处，剪去兔毛，经碘酒消毒，酒精脱碘后，皮内各注射 0.5ml 抗原—福氏完全佐剂乳剂。以后每间隔 7～10d 于两肩后侧及两髋附近皮下多点注射抗原—福氏不完全佐剂乳剂，总量 2ml，共 2～3 次，初步测出效价后，再进行一次加强免疫，即从耳缘静脉注射抗原 0.1～0.2ml，1 周后放血。

（4）放血。耳缘静脉取血时，先将耳缘静脉附近的毛剪去，用无菌棉球擦净皮肤，然后用二甲苯涂擦血管处，或用台灯照射加温等办法使血管扩张，识别耳静脉后，用注射器针头插入静脉取血。如取血量过大时，于取血后由静脉缓缓注入等量 5%葡萄糖溶液以补足失血量。

（5）抗血清的收集。将注射器中的血液收集于三角瓶或离心管内，待凝固后，用干净平头玻璃棒沿瓶壁或管壁剥离血块，置室温下 2～3 h 后，4℃过夜。随着血块收缩，血清析出，再用离心方法使血清完全析出。用滴管吸出血清，加少量 2mg/kg 的叠氮钠防腐，分装小瓶，封存于低温冰箱中备用。

2. 离子琼脂板的制备 量取 4ml 熔化的纯净离子琼脂趁热倒在玻璃板上（7.5cm×2.5cm），待冷却凝固后按图 18 所示打孔。孔的直径为 4mm，周围孔与中央孔之间的距离为 5mm 左右。打完孔后，用注射器针头将孔中琼脂挑出，在酒精灯上烘烤琼脂玻璃板的背面，使琼脂与玻璃板贴紧。

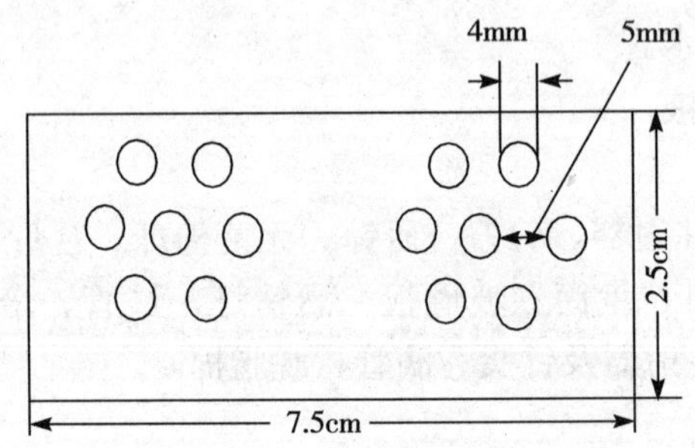

图 18 双向免疫扩散琼脂板

3. 稀释抗原或抗体 采用二倍稀释法，将抗原或抗体按 2 的等比级数，即 2^0，2^1，2^2。2^3，…方式连续稀释。具体方法如下：取数支试管，分别加入 1 份生理盐水，再于第一管中加抗原或抗体 1 份，用吹吸法混匀两种溶液后取出 1 份，加入第二管中，如此依次进行至最后一管，各管的稀释倍数依次为 1∶2，1∶4，1∶8，1∶16，1∶32，1∶64，…，稀释度视抗体的效价而定。

4. 加样 将稀释的抗原或抗体依次加入外周孔内，分别为：原浓度，1∶

2，1∶4，1∶8，1∶16，1∶32，…（记录顺序），向中心孔加入相应的抗原或抗体，抗原、抗体加入的量以刚好平琼脂板表面为宜。加样后置大培养皿内，在37℃或室温下扩散24～48h。为避免琼脂干燥，可在培养皿内加入少量水或湿滤纸，保持一定湿度。

5. 观察　观察沉淀池，并以出现沉淀线且抗原或抗体稀释倍数最高的一孔的稀释度为被测抗体的效价。为提高沉淀线的可见度，最好经染色后再确定其效价。

6. 染色及保存

（1）漂洗琼脂板。将琼脂板置0.9%生理盐水中浸泡2d，除去未反应的抗原、抗体等。在此期间需更换生理盐水3～4次，然后再用蒸馏水浸泡1d（其间换水2次）。

（2）干燥。取出琼脂板，覆盖滤纸，置空气中自然干燥（亦可吹干或37℃烘干）。

（3）染色。将琼脂板浸入染色液中，约30min。

（4）脱色。染色完毕，将琼脂板放在5%乙酸中漂洗，去掉多余染料，直至胶板背景无色为止。

（5）保存。为保存染色后的凝胶，脱色后将胶板浸泡于10%甘油中3～4h（其间不时摇动容器），凝胶很易与玻璃板分开。将凝胶板浸入一块略大一些的玻璃纸上，小心将凝胶平托起来，再用另一块经水浸湿的玻璃纸覆盖在凝胶上面，使琼脂胶板夹在两张玻璃纸之间，室温下晾干，即可长期保存。

五、实验报告及思考题

1. 全班分两组，每组分别进行兔子抗血清的制备。然后每两人为一组，进行琼脂板的制备、抗原和抗体的免疫反应实验，观察和分析实验结果。

2. 试分析抗原免疫动物时加入佐剂的作用。

3. 进行双向免疫扩散实验的注意事项有哪些？

实验二十五　酶联免疫吸附技术

酶联免疫吸附法（enzyme-linked immuno sorbent assay，ELISA）属于血清学鉴定方法，是目前植物脱毒效果检测中最有效的方法。其特点是特异性强、灵敏度高、重复性好、检测对象广泛，可用于粗汁液或提纯液，对完整的或降解的病毒粒体都可检测，一般不受抗原形态影响。从理论上讲，凡属可溶性抗原—抗体系统都可以用酶联免疫吸附法加以检测。一些病原微生物（主要是病毒）可引起植物感染，故利用植物病毒作为抗原，免疫动物得到抗血清，再制成酶结合物，就可用酶联免疫吸附法检测相应病毒的抗原成分。

一、实验目的

学习血清学的基础知识和基本原理，掌握血清学实验的基本操作技术，熟练使用相关的仪器设备和实验常用工具。

二、实验原理

酶联免疫吸附法是一种利用免疫学原理检测抗原、抗体的技术。它与以同位素标记为基础的液—液抗原—抗体反应体系不同之处是建立了固—液抗原—抗体的反应体系，并采用酶标记，抗体与抗原的结合通过酶反应来检测。由于酶的放大作用，使检测的灵敏度极高，可检出 1 皮克（picogram，pg）的目标物质。

ELISA 检测可溶性抗原主要有两种方法（图 19）：①间接法：将样品中的抗原包被在固相载体上，然后使第一抗体（即实验中首先用于与抗原发生特异反应的抗体）与抗原结合，固定第一抗体，再加入与第一抗体特异结合的酶标第二抗体（即在第一抗体反应完毕形成包被复合物的基础上，再加上实验反应体系中，能与已形成的包被复合物发生特异反应的抗体。如碱性磷酸酶或辣根过氧化物酶标记的羊抗兔），使酶固定在有抗原的位置上。然后通过酶的显色或荧光反应，测定抗原。②双抗体夹心法：将抗体包被在固相载体上，抗原从样品中俘获，使抗原与包被在载体上的抗体结合，形成抗体—抗原复合物，从而被固定下来。加入酶标记的抗体（酶标第一抗体），形成抗体—抗原—酶标抗体复合物。或先加入非酶标记的抗体，形成抗体—抗原—抗体复合物后，再加入酶标记的抗体（酶标第一抗体或第二抗体，如碱性磷酸酶或辣根过氧化物酶标记的羊抗兔），这样酶便被固定在有抗原结合的固相载体表面。洗涤除去未结合的酶标抗体，加入该酶的显色或荧光底物，通过酶促反应产生颜色或荧光，测出抗原。

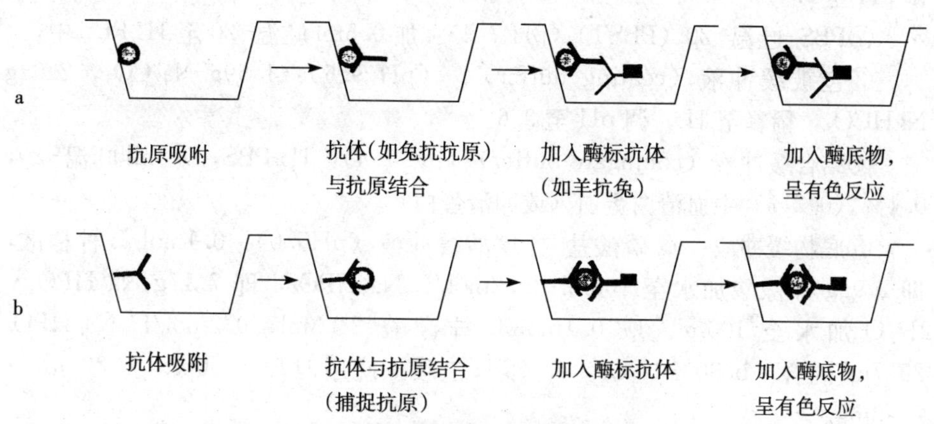

图 19　ELISA 检测技术的基本原理

a. 间接法：第一抗体与抗原特异结合，第二抗体（酶标抗体，通常为商品化）与第一抗体特异结合　b. 双抗体夹心法：第一抗体和酶标抗体为同一抗体

ELISA 检测程序包括抗体或抗原的包被、免疫反应及检出。包被就是将抗原或抗体固定在固相载体表面，亦称包埋。包被可采用物理吸附或共价交联的方法。包被的好坏是影响固—液抗体—抗原反应的重要因素之一。ELISA 中最常用的固相载体是多孔的聚苯乙烯微量反应板，该板对蛋白质有较强的物理吸附作用，与蛋白类抗原（体）结合较强。使用聚苯乙烯反应板时，应用低离子强度并偏碱性的包被液，因为在此条件下特异性的蛋白质易被吸附（缓冲液 pH 在 6.0 以下时，非特异性的吸附会增加）。

由于植物组织的细胞壁坚韧，故需先将植物均质化后，再浸入缓冲液中释放抗原。另外，植物浸出液还要经氯仿、乙二胺四乙酸（ethylene diamine tetraacetic acid，EDTA）等预先处理，再用于测定，以免干扰结果。

三、实验材料及用具

1. 实验材料　感染病毒的植物叶片或表达某种蛋白的转基因植物。

2. 实验药品　NaCl、KH_2PO_4、$Na_2HPO_4 \cdot 2H_2O$、KCl、吐温-20、

Na_2CO_3、$NaHCO_3$、牛血清白蛋白（或卵清蛋白）、柠檬酸、H_2O_2、邻苯二胺、浓硫酸、制备的特异抗体免疫球蛋白、辣根过氧化物酶标记的羊抗兔。

3. 试剂

①磷酸盐缓冲液（phosphate buffer solution，PBS）（pH 7.4）：8.0g NaCl，0.2g KH_2PO_4，2.9g $Na_2HPO_4 \cdot 2H_2O$，0.2g KCl，加水定容到 1L，调 pH 至 7.4。

②PBS-吐温-20（PBST）（pH 7.4）：加 0.5ml 吐温-20 至 1L PBS 中。

③包被缓冲液（coating buffer）（pH 9.6）：1.59g Na_2CO_3，2.93g $NaHCO_3$，稀释至 1L，调 pH 至 9.6。

④结合缓冲液（conjugate buffer）（pH 7.4）：1L PBS，0.5ml 吐温-20，0.1%（0.2%）牛血清白蛋白（或卵清蛋白）。

⑤底物缓冲液：a. 磷酸盐-柠檬酸缓冲液（pH5.0）：0.1mol/L 柠檬酸，即 1.92g 柠檬酸加水至 100ml；0.2mol/L Na_2HPO_4，即 7.17g $Na_2HPO_4 \cdot 2H_2O$ 加水至 100ml。取 0.1mol/L 柠檬酸 24.3ml，0.2mol/L Na_2HPO_4 25.7ml 混合。b. 30% H_2O_2。c. 邻苯二胺。使用时取 a 50ml，b 30 μl，c 2～3mg。

⑥终止液 2mol/L H_2SO_4：96%浓硫酸 112ml 加水定容至 1 000ml。

⑦一抗（已制备好的特异抗体免疫球蛋白）。

⑧二抗（商品化的辣根过氧化物酶标记的羊抗兔）。

4. 实验用具 聚苯乙烯反应板、研钵、移液管及吸耳球、高速离心机、离心管（1.5ml、5ml 和 80ml）、微量移液器及各种型号吸头、纱布、塑料袋、培养箱（设定温度 37℃）、冰箱。

四、实验步骤（间接法）

1. 包被抗原 称取感病及健康植株叶片或转基因植株及非转基因植株的叶片，按 1∶10 的比例用包被缓冲液（1g 叶片加 10ml）研磨稀释，6 000r/min，离心 5min，取上清液。包被聚苯乙烯板，每孔 200μl。用湿纱布和塑料袋包好后置于 37℃培养箱，保温保湿 4h。

2. 洗板 用 PBST 缓冲液洗板 4 次。第一次洗涤后迅速倾出，其余三次将洗液在孔中放置 3min。洗完后，将板甩净，放在滤纸上以除去残余缓冲液和气泡。

3. 加一抗 将一抗用 1∶20 的健康叶子的汁液（1g 叶片加 20ml PBS 研磨后，6 000r/min，离心 5min，取上清液）稀释至工作浓度，包被聚苯乙烯板，每孔 200μl。用纱布和塑料袋包好后置于 37℃培养箱，保温保湿 4h。

4. 洗板　同步骤 2。

5. 加二抗　将二抗用结合缓冲液稀释至一定工作浓度，每孔 200μl。用纱布和塑料袋包好后置于 37℃培养箱保温保湿 4h，或置于 4℃冰箱中过夜。

6. 洗板　同步骤 2。

7. 显色反应　每孔加入 150μl 现配制的显色底物缓冲液，避光下，室温显色 10～30min。

8. 终止反应　每孔加入 40μl 终止液，终止反应。

9. 检测　用酶联免疫检测仪检测各孔的吸光值［D_{490nm}］，计算检测的灵敏度。

五、实验报告及思考题

1. 每两人一组，完成目标植物的检测，并计算检测的灵敏度。
2. 酶联免疫吸附技术的检测方法有哪些？其中间接法的操作流程是什么？
3. 试述酶联免疫吸附法的操作注意事项。

实验二十六　植物样品电镜超薄切片制备技术

电子显微镜自1931年诞生以来，得到了广泛应用。电镜图像的分辨率不仅取决于电镜本身的分辨率，也取决于样品的结构反差，而样品的结构反差主要取决于样品性质和样品的制备技术。目前，电镜分辨率已经达到了原子水平（0.1～0.2nm），但对于一般生物样品，已有的最佳制样技术仅达到2～3nm，不能充分发挥电镜的高分辨性能，必须注重制样技术的改进和创新。

透射电镜的应用已突破了纯形态学的超微结构观察，而与免疫学、细胞化学、放射性同位素标记等技术相结合形成免疫电镜技术、细胞化学电镜技术、放射自显影电镜技术等，用于研究细胞内物质的合成、转移、生理生化反应过程、位置等，将静止的形态学观察与动态的功能研究相结合，充分发挥了电镜的高分辨和高放大倍率的优点，获得许多新的进展。同样，扫描电镜不仅分辨率高，而且获得的图像具有三维空间形象的特点。

根据电镜的种类和制样技术特点，各种生物样品的制备技术可分为两大类。用于透射电镜的有超薄切片技术（正染色）、冷冻超薄切片技术、冷冻置换和低温包埋技术、免疫电镜技术、细胞化学技术、放射自显影技术、负染色技术、金属投影技术、表面复型技术、冷冻蚀刻复型技术、核酸的单分子展层技术等。用于扫描电镜的有表面喷镀技术、临界点干燥技术、组织导电技术、冷冻干燥技术、冷冻割断技术、铸造型观察技术、免疫扫描电镜技术、离子蚀刻技术、低压观察技术和低温观察技术等。

一、实验目的

了解和掌握透射电镜所用样品支持膜的制备技术及其质量标准；掌握常规的生物样品前处理技术及样品包埋块的制备技术；掌握修块、制刀和超薄切片的基本技术及常规切片双重染色的方法；了解制刀机、超薄切片机的构造、原理及使用方法。

二、实验原理

透射电镜成像的实质是用不带有信息的电子射线，在其通过适当薄的样品时，与样品发生作用，当电子射线在样品的另一面重新出现时，已带有该样品的某些信息，通过放大处理，使人们能够看见和解释。人眼对光强度（振幅反差）和波长（色反差）的变化是敏感的，它能直接解释光学显微镜给出的信息，但对于电子显微镜来说却不能直接解释，目前只能把电子所带的信息转变成光强度的振幅反差形成黑白图像。电子波长无法转变成颜色，因此电子显微镜照片都是单色的（通常都复制成黑白色）。

当电子束与样品物质相互作用时，可产生很多带有样品信息的电信号，如透射电子、散射电子、二次电子等。透射电镜的图像反差是由入射电子通过样品时，发生的散射吸收差、衍射差和相位差来决定的。对于生物样品来说，具有一定能量的高速电子和样品中的原子和电子云发生碰撞会产生散射电子，与样品中的原子核作用产生弹性散射电子（由于核场的作用）。直接透射电子对弹性散射电子的比例，关系到透射电镜的图像反差。

振幅反差主要指由弹性散射电子形成的反差。成像中电子通过样品时，散射量与样品厚度成正比，同时样品密度越大散射几率越大，所以总散射量和密度与厚度的乘积成正比。密度与厚度的乘积定义为质量厚度，其单位为 $\mu g/cm^2$。例如，碳的相对密度约为 2，所以厚度 10nm 的碳膜，质量厚度为 $2\mu g/cm^2$。一般生物薄片的平均质量厚度为 $10\mu g/cm^2$。电子束通过样品时，由于在样品中受到质量厚度的影响，除了直接透过样品的电子构成图像背景的主要成分以外，还有不同散射角度的弹性散射电子。质量厚度大的地区产生大角度的弹性散射电子（大于 0.1 弧度）被物镜光阑遮挡吸收，仅有小角度的弹性散射电子通过光阑孔，因此这部分电流密度就减小，从而经放大后荧光屏上形成暗区，透过电子多的形成亮区，这就形成了明暗不同的振幅反差。这种反差是通过电子激发荧光粉形成可见光（光强不同）反映到人眼的。

当观察极薄（50nm 以下）、且主要由轻元素组成的样品的微细结构时，样品对高速电子的散射角度很小，非弹性散射电子几乎都能通过光阑，这时图像反差很弱。由于非弹性散射电子的能量损失，引起速度变慢，与非散射电子产生相位差。当正焦时它们相位差 90°，合成波变化不明显，所以察觉不出反差。当样品存在某个微小离焦量时，两种波同相（或反相），合成波就大于（或小于）非散射波很多，出现较大振幅差，这就是位相反差。它只是在很接近正焦点的一个很小的聚焦范围内产生，与焦点无关。这种效应只能在最大放大倍率和最高分辨率时才能观察到，它与物镜光阑存在与否无关，和加速电压及样品中物质的原子序数关系也不大，所以可以反映出反差很小的轻元素组成的细节。

透射电镜的反差是振幅反差和位相反差的综合，一般情况是对于较大的结构，振幅反差是主要的，对于微小结构，位相反差的重要性增加。当观察由轻元素组成的极小细节（如 1nm 以下）时，位相反差就几乎成为唯一的反差。

三、实验材料及用具

1. 实验材料 植物的幼嫩叶片、茎段、根组织等。

2. 实验药品 福尔莫瓦、氯仿、火棉胶醋酸戊酯、0.02%中性皂、戊二醛、四氧化锇、乙醇、环氧丙烷、Epon 812 环氧树脂、甲基内次甲基二甲酸酐（MNA）、十二烷基琥珀酸酐（DDSA）、2,4,6-三苯酚（DMP-30）、醋酸双氧铀、柠檬酸铅、NaOH、亚甲基蓝、NaCl、KH_2PO_4、$NaH_2PO_4 \cdot 2H_2O$、KCl、双蒸水。

3. 试剂

①支持膜制备所用试剂：0.3%～0.5%福尔莫瓦氯仿溶液，1%火棉胶醋酸戊酯溶液，0.02%中性皂液，蒸馏水。

②样品包埋块制备所用试剂：0.1mol/L 磷酸缓冲液（pH7.0），0.1mol/L 磷酸缓冲液配的 3%戊二醛固定液（pH7.0），0.1mol/L 磷酸缓冲液配的 1%四氧化锇固定液（pH 7.0），50%、70%、80%、90%、95%、100%系列乙醇，环氧丙烷，双蒸水，Epon 812 环氧树脂，甲基内次甲基二甲酸酐（MNA），十二烷基琥珀酸酐（DDSA），2,4,6-三苯酚（DMP-30）。

③修块、超薄切片和染色所用试剂：50%乙醇配制的 2%醋酸双氧铀染色液（pH4.2），柠檬酸铅染色液（pH12），50%乙醇，0.01mol/L NaOH，固体 NaOH，双蒸水，2%亚甲基蓝染色液。

4. 实验用具

①支持膜制备所用器材：铜网（200 目）、50ml 小烧杯或立式载玻缸、新载玻片、培养皿、玻璃水槽（直径 12cm）、普通镊子、铜网镊子、单面刀片、手术剪、滤纸、白绸布、布氏漏斗、光谱纯碳棒、云母片、白瓷板、扩散泵油、真空喷镀仪。

②样品包埋块制备所用器材：青霉素小瓶、载玻片、注射器、量筒、烧杯、试剂瓶、玻璃棒、滴管、单面或双面刀片、手术刀、手术剪、普通镊子、牙签、酸度计或 pH 试纸、2 号医用胶囊、胶囊架、塑料包埋模板、聚合器或烘箱、冰箱、真空抽气泵、标签。

③修块、超薄切片和染色所用器材：超薄切片机、玻璃制刀机、体视显微镜、光学显微镜、制刀专用玻璃条（25mm×6mm×400mm）、单面刀片、修块底座、胶带、玻璃刀定型水槽、手术剪、普通镊子、铜网镊子、注射器、培

养皿、小烧杯、滴管、载玻片、睫毛针、细玻璃棒、蜡片、蜡盘、滤纸、200目带膜铜网、铜网盒烘片台。

四、实验步骤

1. 支持膜的制备

（1）福尔莫瓦支持膜的制备（图20）。①在水槽内盛满蒸馏水，将已配好的福尔莫瓦溶液倒入立式载玻缸或小烧杯中。②将若干新载玻片浸入装有0.02%中性皂液的载玻缸中。③取一载玻片，用白绸布擦净，使之光洁，然后手持载玻片一端，插入福尔莫瓦溶液中，再垂直匀速取出，在空气中稍晾片刻，使其形成一层膜。④用刀片在膜的四周各划一条刻痕。⑤将载玻片有膜一端成45°角或垂直慢慢压入蒸馏水中，使膜缓缓地被剥离并漂浮在水面上，取出载玻片。⑥将清洁的铜网排列在膜上。⑦然后剪取一块比膜的面积稍大的滤纸片与有铜网的膜贴附，随着滤纸的吸湿逐步与膜、铜网贴附好后，边提边向上翻转离开水面。⑧放置在有滤纸的培养皿中干燥，干燥器中保存备用。

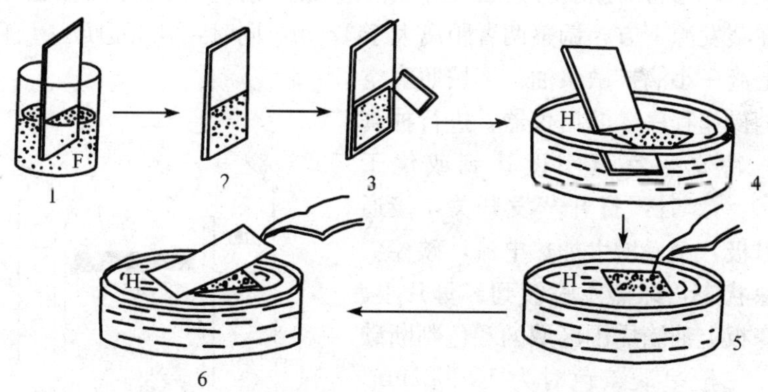

图20　福尔莫瓦支持膜的制备

1. 黏膜液　2. 成膜　3. 刻痕　4. 漂膜　5. 摆网　6. 捞膜

F. 福尔莫瓦液　H. 水

（2）火棉胶膜的制备（图21）。①在布氏漏斗底部中间放一长方形滤纸或一载玻片。②将清洁的铜网排列在滤纸上。③向布氏漏斗内注入蒸馏水。④在蒸馏水表面滴上一滴火棉胶膜液（如太薄可连续滴上数滴），膜液散开形成一层薄膜。⑤打开漏斗底部活塞，缓缓放掉蒸馏水，或用吸管吸去蒸馏水，膜亦随着水面而下降，最后膜降落在滤纸上并覆盖铜网。⑥取出滤纸，待附有膜的铜网和滤纸干燥后，置干燥器内保存备用。

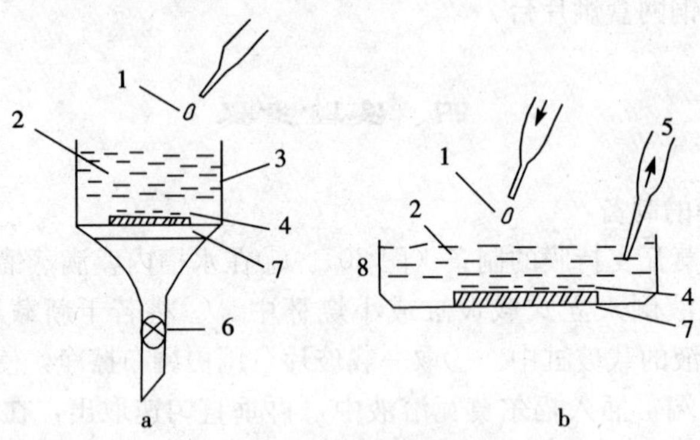

图 21　火棉胶膜的制备

a. 布氏漏斗法　b. 平皿法

1. 火棉胶溶液　2. 蒸馏水　3. 布氏漏斗　4. 铜网　5. 吸管

6. 阀　7. 滤纸　8. 平皿

（3）碳膜的制备（图 22）。①取两根直径 5mm 的碳棒，一根顶端磨平，另一根顶端磨成尖细状，分别装在真空喷镀仪真空室的第 2 组电极上，使尖端与平端接触。②将一新剥开的云母片或浸过福尔莫瓦（火棉胶溶液也可）的载玻片放在蒸发源下方，调整两者距离大于 12cm。同时，在旁边放一块白瓷板，在瓷板上滴一小滴扩散泵油。③按照真空喷镀仪的操作程序，开启仪器，进行抽真空操作。待真空室真空度达到或优于 6.67×10^{-3} Pa 时，打开蒸发开关，接通第 2 组电极，慢慢增大加热电流，碳棒尖端达炽热状态，即蒸发喷镀到云母片上。根据白瓷板上油滴周围区域的颜色判断碳膜厚度，一般呈淡茶色时为 15～20nm。通常电流掌握在 3～4nm，蒸发几秒钟即可。④碳蒸发结束后，取出云母片，剪去边缘，慢慢浸入蒸馏水中，使碳膜脱离云母片漂于水面，敷铜网后捞膜。若是载玻片，取出后浸入氯仿或醋酸戊酯中，溶掉有机膜，碳膜即脱离载玻片，将碳膜转移到蒸馏水中，再铺铜网捞取。

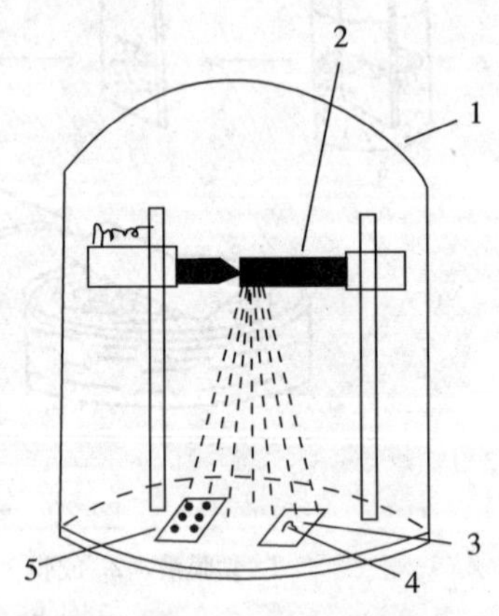

图 22　碳膜的制备

1. 真空罩　2. 碳棒　3. 白瓷板

4. 扩散泵油　5. 有膜云母片或载玻片

2. 样品包埋块的制作　超薄切片样品制备流程见图 23。

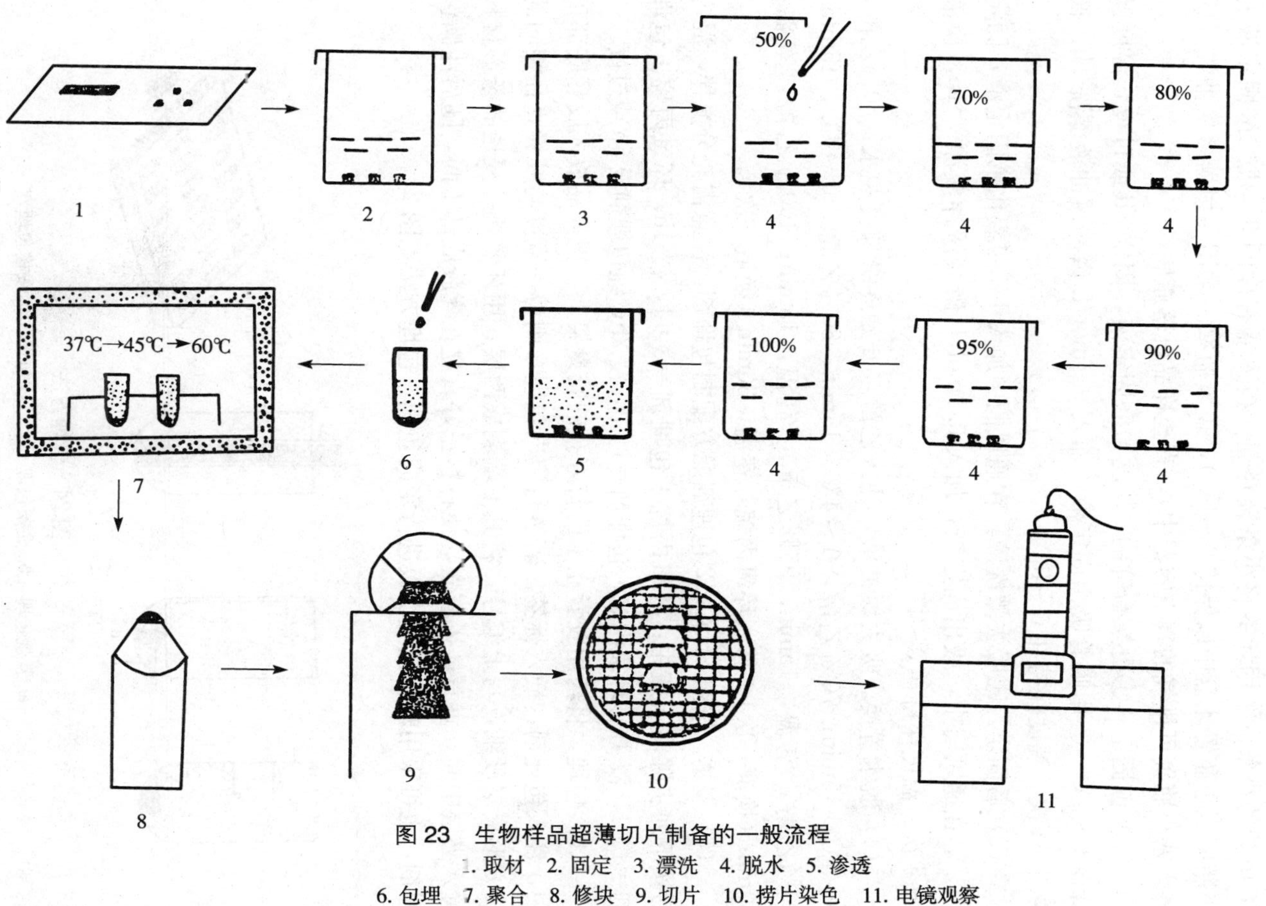

图 23　生物样品超薄切片制备的一般流程

1. 取材　2. 固定　3. 漂洗　4. 脱水　5. 渗透
6. 包埋　7. 聚合　8. 修块　9. 切片　10. 捞片染色　11. 电镜观察

（1）取材与预固定。①从植株上取下叶片等植物组织立即放在用冰块预冷的载玻片上，并滴上数滴冷的3%戊二醛固定液。②用刀片切取1mm宽，3～4mm长的小条。③用牙签将小条轻轻逐一拨入盛有冷的3%戊二醛固定液的小瓶中（小瓶置冰盘中以保持0～4℃），盖紧瓶塞。④用注射器多次抽气（或将无塞小瓶置可排气的真空容器中），直至样品沉落瓶底。

（2）前固定。①更换新鲜的3%戊二醛固定液，固定3h或过夜，温度保持在0～4℃。②用吸管吸出固定液，加入0.1mol/L磷酸缓冲液漂洗1h，换液3～4次，温度保持在0～4℃。

（3）后固定。①吸去漂洗液，在通风橱中加入1%四氧化锇固定液，固定2h。②在通风橱中，吸出固定液，加入0.1mol/L磷酸缓冲液漂洗1h，换液3～4次。温度保持在0～4℃。

（4）脱水置换。吸去缓冲液，注入乙醇，开始逐级梯度脱水：50%乙醇，0～4℃，15min；70%乙醇，0～4℃，15min；80%乙醇，0～4℃，15min；90%乙醇，室温，15min；95%乙醇，室温，15min；100%乙醇，室温，30min（换液一次）。移入环氧丙烷，室温，30min（换液一次）。

（5）浸透。按照Epon 812包埋剂配方配制包埋剂，注意需充分搅拌，混匀后按下列步骤注入瓶中：环氧丙烷∶包埋剂＝3∶1，浸1h；环氧丙烷∶包埋剂＝1∶1，浸1h；环氧丙烷∶包埋剂＝1∶3，浸2h；纯包埋剂浸5h或过夜。

（6）包埋。将药用胶囊立于已打好孔的胶囊架上，把样品放入胶囊底部正中，注入包埋剂，插入标签。若进行定向包埋，则剪一宽度与胶囊直径相同的长方形夹层硬纸，写上编号，将其下端剥成两层，用牙签挑一浸透的条形材料置入夹层中间，垂直插入胶囊，使材料正好直立在囊胶底部中间，随后注满包埋剂，也可采用塑料包埋模板进行定向包埋。包埋方法见图24。

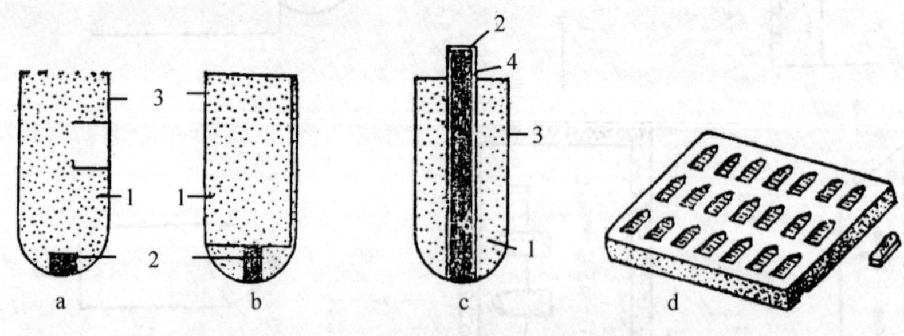

图24　包埋方法

a. 常规包埋　b. 夹条包埋　c. 二次包埋　d. 浅槽包埋

1. 新鲜树脂　2. 组织　3. 胶囊　4. 固体树脂

（7）聚合。将胶囊架或塑料模板放入恒温箱中加热聚合。在37℃、45℃、

60℃下分别聚合 12h、12h、24h，取出后去掉胶囊，即为样品包埋块。

3. 修块、超薄切片和染色

（1）包埋块的修整（图 25）。①将剥去胶囊的包埋块安装在样品夹上，将顶端露出 3～5mm。②用单面刀片水平横切包埋块顶端的包埋介质，露出样品。③在包埋块顶部四周的侧面切四刀，将包埋块上部切成金字塔形，塔顶为面积约 1mm 的平面。④在体视显微镜下用新单面刀片进一步修整顶面，使其光滑平整，大小约 0.5mm×0.5mm，最好呈梯形或长方形，上下两边要平行，四个斜面坡度以 45°为宜。

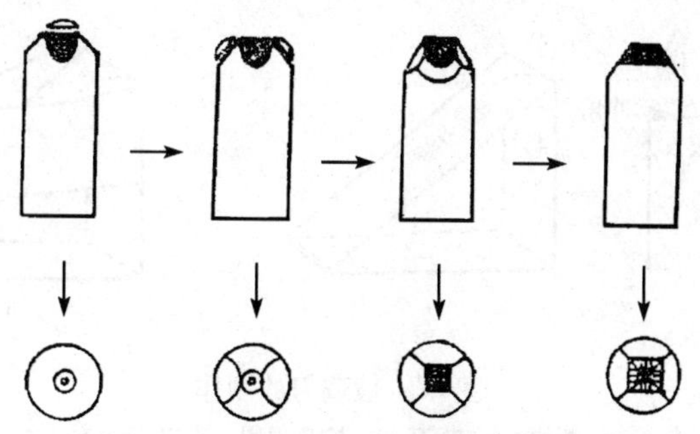

图 25　样品包埋块的修整

（2）玻璃刀的制作。①以 LKB7800 制刀机为例（图 26）。将玻璃条用洗涤剂洗刷干净，晾干备用。②将制刀用的长玻璃条一端插入 LKB7800 制刀机夹头底部，转动固定杆使夹头下落，夹紧玻璃条；拉动玻璃划割器，使下部的碳化钨砂轮划割玻璃条。③向右转动断裂旋钮，对玻璃条加压，使玻璃条沿划痕断裂，转动固定杆抬起夹头，取出剩余玻璃条。④用托架取下方形玻璃块，旋转 45°角之后，将方形玻璃块置于夹头下。⑤转动固定杆使夹头下落压紧方

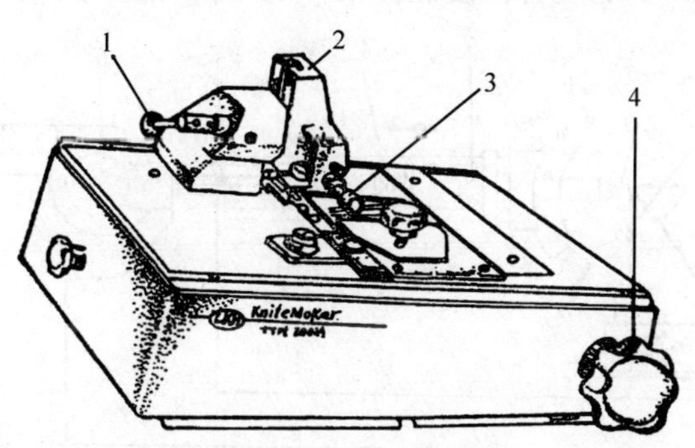

图 26　LKB 7800 制刀机

1. 固定杆　2. 夹头　3. 玻璃划割器　4. 断裂旋钮

形玻璃块，拉动划割器，转动断裂旋钮，对方形玻璃块加压，使其沿对角线断裂成两块三角形玻璃刀（图 27）。⑥用托架取下玻璃刀。

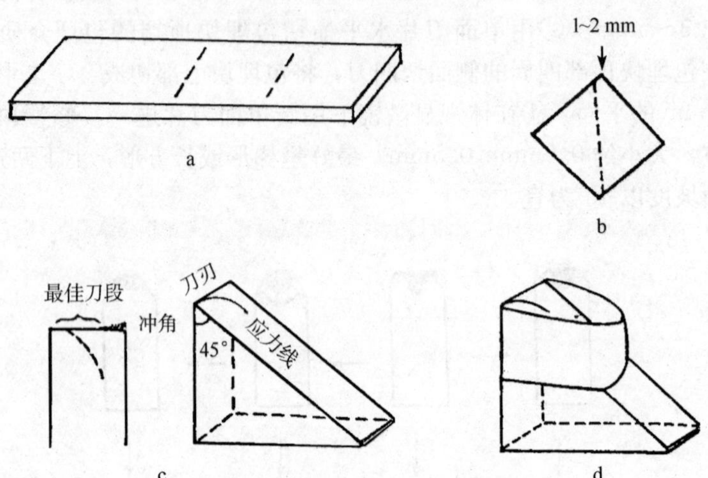

图 27　玻璃刀的制作

a. 断块　b. 断刀　c. 检查刀刃　d. 安装水槽

（3）超薄切片。①按照超薄切片机的操作程序，打开电源接通照明。将玻璃刀安装在刀座上，使刀口高度与刀座上的高度标杆相等，刀的前角值为 4°左右，夹紧。②将样品包埋块装在样品臂上，夹紧。通过超薄切片机上的双筒显微镜边观察边调整样品块与刀的相对位置，旋转样品头夹具，调整刀座位置，使样品包埋块端面与刀刃在 X、Y、Z 三个方向上都平行。③往玻璃刀水槽中注入双蒸水，用注射器整调液面高度，使其与刀刃一致。热膨胀推进式超薄切片原理见图 28。④切片厚度选择在 0.5～2μm，以手动推进或半薄推进方

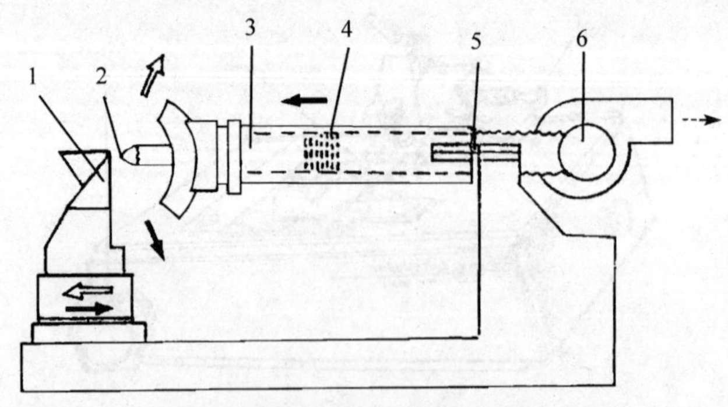

图 28　热膨胀推进式超薄切片原理

1. 切片刀　2. 样品　3. 样品臂　4. 电热丝　5. 簧片　6. 冷却吹风机

式切出若干薄片。用细玻璃棒将切片捞于载玻片上的水滴中，将载玻片放在烘片台上加热，并滴加2%亚甲基蓝染色1～2min，用水冲去多余染液，烘干后光镜检查。⑤根据观察的情况，对包埋块作适当的定位修整。重新选择最佳刀刃，将切片速度调至2～3mm/s，切片厚度选择在50nm左右，进行超薄片切割（图29）。以切出灰色、银白色、淡黄色的片子为宜。⑥用滤纸蘸取少许氯仿溶液，在切片上方停留片刻，利用有机溶剂的挥发气体使切片展平（注意不能触及切片和水面）。⑦用睫毛针将切片带断成几截，将灰色和银白色的切片拨在一起，然后用镊子夹持载网，膜面朝下，使载网与切片所在水面相平行，迅速与切片接触，蘸取切片；也可以将载网膜面朝上，插入水中，向上捞取切片；或者用金属环捞取切片再放置在载网上。⑧捞取的切片经自然干燥后即可进行染色。

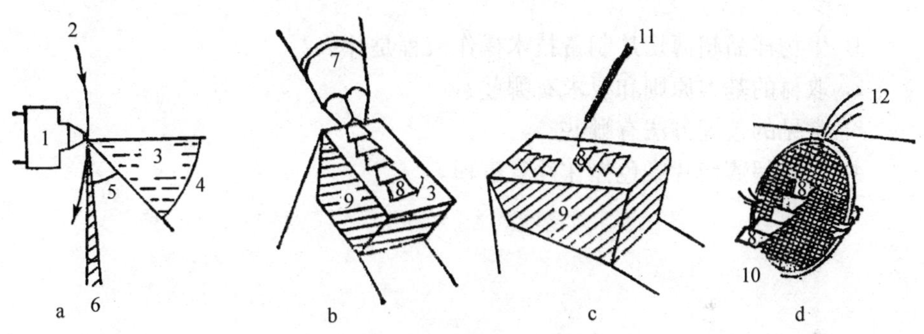

图29　超薄切片形成原理

a. 切片形成原理　b. 切片　c. 拨片　d. 捞片

1. 样品夹　2. 样品夹运动的弧线　3. 水　4. 后角　5. 刀角　6. 前角　7. 包埋块　8. 切片　9. 槽　10. 载网　11. 睫毛针　12. 镊子

（4）染色（图30）。①将醋酸双氧铀染液滴于蜡盘中，将有切片的载网膜面朝下漂浮在染液液滴的表面上，染色30min。②用镊子持载网，依次在4个盛有双蒸水的小烧杯中各清洗20～30次，然后将载网放在干净的滤纸上。③在另一蜡盘中的四周放上一些固体氢氧化钠，用注射器吸取柠檬酸铅染液，滴于蜡盘中，然后把经铀染后尚处于半湿半干状态的载网膜面朝下漂浮在染液液滴表面进行染色。为了减少CO_2的污染，可在小称量瓶中放2/3高度的固体氢氧化钠，留很小空间，放一用硫酸纸做的小蜡盒，将铅染液滴在小蜡盒中进行染色；也可在自制的可抽气的小瓶中染色。染色10～15min。④用镊子夹持载网立即浸入盛有0.01mol/L NaOH的小烧杯中清洗20～30次，再依次在另外3个装有双蒸水的小烧杯中各清洗20～30次，然后放在干净的滤纸上，自然干燥后即可观察。

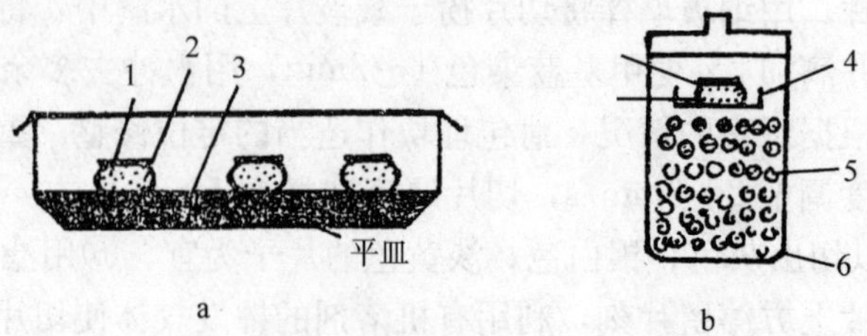

图 30　染色操作示意图

a. 蜡盘铀染色　b. 铅染色

1. 切片　2. 染液滴　3. 石蜡　4. 蜡盘　5. 氢氧化钠　6. 称量瓶

五、实验报告及思考题

1. 生物样品超薄切片制备技术操作流程是什么？
2. 取材的基本原则和要求有哪些？
3. 常见的包埋方法有哪些？
4. 试述超薄切片染色操作注意事项。

实验二十七 植物病毒样品的负染色技术

负染色技术又称阴性染色技术，是指通过重金属盐在样品四周的堆积而加强样品外周的电子密度，使样品显示负反差，衬托出样品的形态和大小。负染色技术早在20世纪50年代就应用于生物大分子的研究，后被改良并大量用于病毒结构的研究。与超薄切片（正染色）技术相比，其快速简易，分辨率高(可达2nm)，被广泛用于生物大分子、细菌、原生动物、亚细胞碎片、细胞器、蛋白晶体的观察及免疫学和细胞化学的研究中，尤其在病毒快速鉴定及其结构的研究中必不可少。

一、实验目的

通过提纯的病毒样品或病组织浸出液负染色样品的制备，掌握透射电镜样品负染色操作技术。

二、实验原理

负染色技术的原理至今尚不清楚，根据部分实验资料，可归纳为两种：①密度反差原理：不同原子序数的元素组成的物质具有不同的密度，电子束通过原子序数高的元素时，与其中的电子和原子核碰撞的几率较高，容易发生散射而形成负反差。一般认为，任何物体假如被密度比本身大2倍以上的物质所包围或浸没时，在电镜下反差就能得到加强，形成负反差。如磷钨酸（PTA）的密度为4，而生物样品的密度一般为1，故染色后形成负反差像。②异常反差原理：用PTA对氧化镁晶体染色，氧化镁晶体发生异常反差。在有氧化镁晶体的载网上遮挡一部分，使其不受PTA染色，在电镜下观察发现，在同一视野内凡被PTA包绕着的氧化镁晶体全部变为透明（白色）的结晶体，未被PTA染色的氧化镁晶体则呈现不透明（暗黑色）的晶体。这种异常反差可能是PTA在电子束照射下，负荷电子在标本周围形成了静电场，起到“静电小透镜”的作用，把电子聚焦于样品上，使样品中的电流密度加强，结果样品图像的亮度加强，使不透明的氧化镁晶体变成透明。

用于负染技术的标本有一个共同特点，即欲观察的物体（如细菌、病毒、细胞器、蛋白等）均处于悬浮状态。依据样品来源和实验观察目的，可以分为直接取样（如固体培养基上的微生物、噬菌斑，感病的植物叶、根、茎、芽或动物的血液、体液、分泌排泄物等）和纯化样品（包括粗提液和纯化物悬浮液）。作为一般病毒鉴别和病毒病害的诊断，制作植物病毒负染样品时，只要采取浸出法即可。病毒悬液的浓度达 10^5 个/ml 以上，在电镜下就可以找到病毒。

为使感染寄主细胞中的病毒游离出来，而又不混入感染寄主细胞的内含物，可在双蒸水或缓冲液中用刀片切碎组织使病毒游离出来，也可在 PTA 染液中用刀片切碎组织使病毒游离在染液中。对一些含量较高的病组织，可在有支持膜的载网上滴一滴 PTA，用刀片将病组织切一伤口，迅速地把伤口在载网上的染液中蘸一下，亦可再切一新伤口，重复浸蘸。对一些样品数量少，又要继续活体保存毒源的样品，可在不离体的病叶上滴一滴双蒸水，用针在水滴中刺一些小孔，使叶中病毒游离到水中，也可用被膜的载网蘸取病株叶缘的水珠进行负染观察。病毒提纯物（不论是粗提液还是纯化物的悬浮液）均可直接用铜网蘸取、滴加或喷雾。有些病毒易聚集成团而影响观察，可在病毒悬液中加 0.03%卵清白蛋白，使病毒分散均匀。

常见的病毒负染色操作方法有滴染法、漂浮法和喷雾法。

三、实验材料及用具

1. 实验材料 提纯的烟草花叶病毒（TMV）、黄瓜花叶病毒（CMV）或其他植物病毒，感染烟草花叶病症状明显的植物叶片。

2. 实验药品 磷钨酸、醋酸铀、戊二醛、$Na_2HPO_4 \cdot 2H_2O$、$NaH_2PO_4 \cdot 2H_2O$。

3. 试剂 2%磷钨酸水溶液（pH6.5～7.0）、1%醋酸铀（pH4.2～5.2）、1%戊二醛固定液、0.005mol/L 磷酸缓冲液、双蒸水。

4. 实验用具 铜网（200 目或 400 目）、铜网盒、铜网镊子、双面刀片、手术剪、载玻片、凹玻片、蜡片、滴管、培养皿、滤纸、小烧杯。

四、实验步骤

1. 提纯的病毒负染色操作

（1）滴染法（图 31）。①将提纯的 TMV 悬浮液用双蒸水进行 1∶10 或1∶100 的稀释。②用镊子夹持铜网，滴管吸取样品滴加在铜网上，稍待片刻，用滤纸从铜网边缘吸掉余液。③待铜网上的液体将干未干时，立即滴加一滴2%磷钨酸负染色液，注意不能使铜网背面沾上液体，染色1～2min。④用滤纸吸掉余液，仅留少许液体，自然干燥。⑤将染好色的铜网放在网盒中，作好记录，即可进行电镜观察。

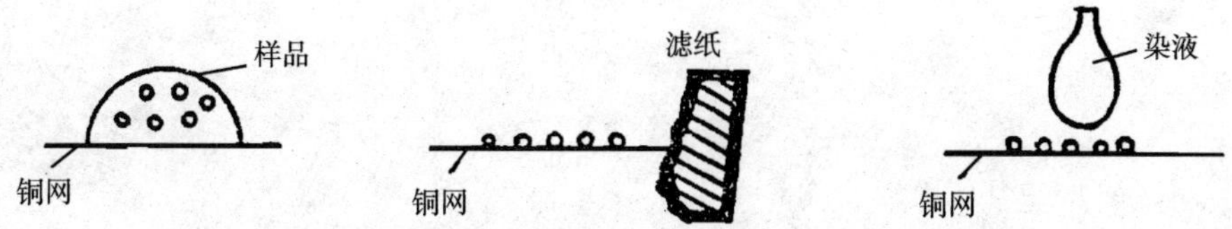

图31　滴染法示意图

（2）漂浮法。①将提纯的CMV悬浮液与1%戊二醛固定液按10∶1比例在蜡片上混合（戊二醛最终浓度为0.1%），固定10～15min。②用镊子夹持铜网，蘸取样品悬浮液，稍待片刻。③用滴管吸取双蒸水，连续滴洗铜网，洗掉戊二醛固定液等，清洗完毕用滤纸吸掉余液。④待铜网上液体将干未干时，再将铜网膜面朝下，漂浮在1%醋酸铀或2%磷钨酸负染色液滴上，1～2min后取出铜网。⑤用滤纸吸掉余液，仅留少许液体，自然干燥。⑥将染好色的铜网放在网盒中，以备观察。

2. 植物病毒浸出液负染色操作

（1）方法一。①在载玻片上滴一滴双蒸水或0.005mol/L磷酸缓冲液。②将一小片植物病叶放置于液滴中并用刀片切碎，让病毒释放到液滴中。③用镊子夹持铜网，蘸取浸出液，稍待片刻，用滤纸吸掉余液。④再如上述相同方法进行负染色。

（2）方法二。①在铜网上先滴一滴2%磷钨酸负染色液。②用刀片切取一小条植物病叶，迅速将组织伤口浸入铜网上的负染液滴中，若病毒浓度低可反复多次切出新伤口浸渍。③用滤纸吸掉余液，干燥后即可观察。

（3）方法三。①将凹玻片中加几滴双蒸水或2%磷钨酸负染色液。②取一小片植物病组织剪碎并在液滴中充分研细。③用镊子夹持铜网蘸取浸出液。④按上述相同方法进行负染色。

五、实验报告及思考题

1. 每两人一组，制作病毒负染色样品，在电镜下观察，并描述所观察到的植物病毒的外部形态。

2. 常见的负染色操作方法有哪些？在实际工作中如何灵活运用？
3. 负染色的基本原理是什么？
4. 负染色操作应注意的事项有哪些？

实验二十八　龙眼和枸杞胚性愈伤组织的超低温保存

超低温保存（cryopreservation）是指在－196℃（液氮温度）下保存生物材料，降低甚至完全抑制其生活力及基因变异，保持种质资源遗传稳定性的方法。该方法是目前唯一可行的、不需继代长期保存生物材料的方式。1973 年，研究者首先在液氮中保存胡萝卜悬浮细胞获得成功，目前涉及的保存材料有原生质体、悬浮细胞、愈伤组织、体细胞胚、胚、花粉胚、花粉、茎尖分生组织、根尖分生组织、芽、茎段、种子等，这些材料中的大部分已实现植株再生。

一、实验目的

掌握植物材料超低温保存的基本操作过程。

二、实验原理

植物在超低温环境中，细胞内自由水被固化，仅剩下不能被利用的液态束缚水，酶促反应停止，新陈代谢活动被抑制，材料处于“假死”状态。在降温和升温过程中，没有发生化学组成的变化，而物理结构变化是可逆的，因此，保存后的细胞能保持正常的活性和形态发生潜力，且不发生任何遗传变异。

植物细胞含水量比动物细胞高，冰冻保存较难。如果直接把保存材料投放到液氮中，细胞和组织由于细胞内水分结冰，将引起组织和细胞死亡。因此，超低温保存常利用冷冻防护剂。冷冻防护剂属于分子质量低的中性物质，如甘油、脯氨酸、二甲基业砜（dimethyl sulphoxide，DMSO）等，在水溶液中能强烈地结合水分，水合作用的结果使溶液的黏稠度增加。当温度下降时，溶液冰点下降，水固化程度减弱，对降低培养基、植物组织、细胞的冰点起重要作用。特别是二甲基亚砜的发现，使植物组织在超低温环境下得以保存，因为它极易渗入细胞内部，防止细胞冰冻或融冻时引起过度脱水而遭到破坏，保护细胞。另外，冷冻防护剂的使用可以提高培养基渗透压，导致细胞轻微质壁分离，提高组织和细胞的抗寒力。本实验主要介绍龙眼胚性愈伤组织（图 32）和枸杞胚性愈伤组织的超低温保存方法。

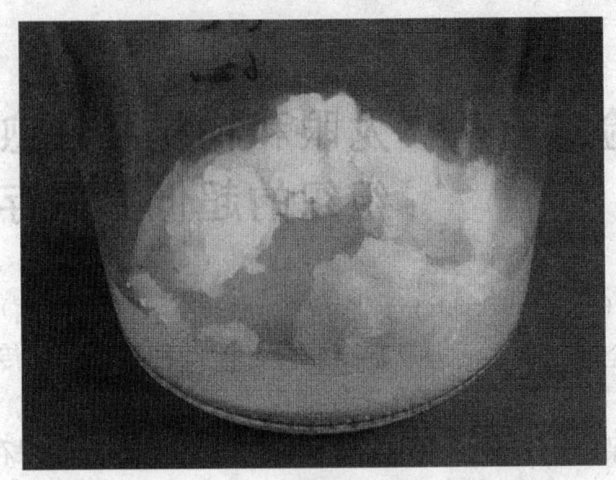

图 32　可用于超低温保存的龙眼胚性愈伤组织

三、实验材料和用具

1. 实验材料　龙眼和枸杞胚性愈伤组织。

2. 实验药品　MS 基本培养基、琼脂、70%酒精、灯用酒精、6-BA、NAA、2,4-D、KT、DMSO、$AgNO_3$、甘油、乙二醇、三苯四唑氯化物（2,3,4-triphenyl tetrazolium chloride，TTC）。

3. 培养基及保存溶液

①龙眼愈伤组织保存培养基：MS（不含蔗糖）＋1.0mg/L 2,4-D＋0.5mg/L KT＋5mg/L $AgNO_3$＋20g/L 蔗糖＋6g/L 琼脂，MS（不含蔗糖）＋1.0mg/L 2,4-D＋20g/L 蔗糖＋6g/L 琼脂，两种培养基交替培养。

②枸杞愈伤组织保存培养基：MS（不含蔗糖）＋1mg/L 6-BA＋1mg/L NAA＋20g/L 蔗糖＋6g/L 琼脂。

③愈伤组织化冻培养液：MS（不含蔗糖）＋1.2mol/L 蔗糖。

④PVS_2 保存溶液：MS（不含蔗糖）＋0.4mol/L 蔗糖＋30%甘油＋15%乙二醇＋15%DMSO。

⑤2PVS_2 保存溶液：0.15mol/L 蔗糖液体培养基＋PVS_2 溶液，体积比为 40∶60。

4. 实验用具　超净工作台、高压蒸汽灭菌锅、恒温水浴锅、蒸馏水器、酸度计、天平、酒精灯、解剖刀、剪刀、镊子、试管、三角瓶、烧杯、移液管、量筒、玻璃记号笔、脱脂棉、火柴、无菌滤纸、液氮罐和液氮、冻存管、分光光度计。

四、操作步骤

1. 超低温保存　取继代保存15～20d的待保存胚性愈伤组织，移入1.8ml超低温保存专用的冻存管中，每管放入约0.3g材料。于常温下用60%玻璃化保存溶液2PVS_2装载30min；再于0℃下用玻璃化保存溶液PVS_2平衡60min；移去PVS_2溶液，加入新鲜的PVS_2保护剂；迅速将冷冻管投入液氮中保存。每一处理重复3次。

2. 化冻　材料在液氮中贮藏48h后，于40℃温水浴中进行化冻。

3. 去装载　当冻存管中的冰刚化冻时，弃PVS_2，加入愈伤组织化冻培养液，轻轻摇动冻存管，弃培养液，再用同样培养液洗涤2次，每次10min。洗涤后的胚性培养物用于恢复生长培养。

4. 胚性愈伤组织超低温保存后恢复生长　化冻后的培养物接种到龙眼或枸杞的愈伤组织保存培养基上，于黑暗中恢复生长，1周后利用TTC染色法观察超低温保存后的胚性培养物恢复生长状况。

五、实验报告及思考题

1. 每两人一组，进行愈伤组织的冷冻处理和超低温保存，并观察和记载愈伤组织恢复生长情况。

2. 试分析如何提高超低温保存细胞存活率。

实验二十九　柑橘和葡萄试管苗的生长抑制剂保存

自 1975 年 Henshaw 和 Morel 首次提出离体保存植物种质的策略以来，该项技术受到植物界的高度重视，许多不能用于常规种子保存的植物已采用这种方法保存。相对而言，离体保存所占空间小，基因型稳定，受外界影响小，恢复快，易于控制。迄今为止，试管保存已在 1 000 多种植物和品种上得到应用，并获得了很好的效果。在植物离体保存中，使用生长抑制剂的试管苗限制生长保存是比较方便有效的离体种质保存方法，在马铃薯、柑橘、葡萄等无性繁殖作物的种质保存中得到广泛使用。

一、实验目的

学习并掌握植物试管苗的生长抑制剂保存方法。

二、实验原理

植物试管苗的生长抑制剂保存，是将植物试管苗在添加一定量的生长抑制剂或延缓剂的培养基上培养，从而延缓试管苗生长，减少培养基营养消耗，达到延长继代时间和长期保存的目的（图 33）。目前，应用无菌试管苗保存植物种质最常用的方法是常温限制生长保存，即在常温培养条件下，通过在培养基中加入化学物质或采用一些物理方法，限制或延缓培养物生长，达到保存种质的目的。

图 33　限制生长保存 3 年的柑橘试管苗

限制生长保存时内部生长因子的调控主要包括贮存培养基成分的选择和生长抑制物质的应用两部分。贮存培养基一般用 MS、1/2MS 或 1/4MS，添加 2%～4%的蔗糖，固体培养。生长抑制剂的选择主要选用对保存材料的再生能力、遗传稳定性无影响的物质，常用的有脱落酸（abscisic acid，ABA）、矮壮素（chlorocholine chloride，2-氯乙基三甲基氯化铵，简称 CCC）、多效唑（paclobutrazol，PP_{333}）、二甲氨基琥珀酸酰胺（daminozide，B_9）、马来酰肼（maleic hydrazide，MH，又叫青鲜素）、高效唑（S3307）、甲基丁二酸等。另外，通过采用在培养基中加入甘露醇、山梨醇等渗透压调节剂来提高培养基的渗透压，控制光照，降低培养瓶内氧分压，降低培养温度等措施也可延缓试管苗的生长。

三、实验材料和用具

1. 实验材料　柑橘试管苗和葡萄试管苗。

2. 实验药品　MS 基本培养基、GS 基本培养基、琼脂、75%酒精、灯用酒精、多效唑（PP_{333}）、IBA。

3. 培养基

①柑橘试管苗保存培养基：1/4MS（不含蔗糖）＋1.0mg/L 多效唑＋20g/L 蔗糖＋6g/L 琼脂；

对照培养基（CK）：1/4MS（不含蔗糖）＋20g/L 蔗糖＋6g/L 琼脂。

②葡萄试管苗保存培养基：GS＋0.2mg/L IBA＋2.0mg/L 多效唑＋6g/L 琼脂；

对照培养基（CK）：GS＋0.2mg/L IBA ＋6g/L 琼脂。

4. 实验用具　超净工作台、高压蒸汽灭菌锅、蒸馏水器、天平、酒精灯、接种刀、剪刀、镊子、广口瓶、三角瓶、烧杯、移液管、量筒、玻璃记号笔、脱脂棉、火柴、废液杯、刀片、无菌滤纸、铁丝网或纱布、玻璃棒、试管、玻璃瓶、封口膜、线绳、牛皮纸。

四、实验步骤

1. 柑橘试管苗长至 45d 时，切除基部愈伤组织部分及根，分别接种在含有多效唑的保存培养基和对照培养基上。每瓶接入 1～2 株，封口膜封口外加一层牛皮纸，注明材料名称及接种时间等信息。

2. 葡萄试管苗分别接种在含 2mg/L 多效唑的保存培养基和对照培养基上。每处理接种 15～20 管，每管转入 1 个带 2 片叶的葡萄茎段，用耐高温塑料薄膜外加一层牛皮纸封管。

3. 接种好的培养物置于温度为 25℃±2℃，光照度为 1 200lx，光照时间 12h/d 的培养室进行保存。45～60d 后观察记录柑橘和葡萄试管苗在保存培养基与对照培养基上的生长差异。更明显的保存效果观察可在保存半年以后进行。

五、实验报告及思考题

1. 每人在保存培养基和对照培养基上各接种 5 瓶材料，每过一个月观察并记载一次植株生长情况。

2. 植物离体种质保存的方法有哪些?

3. 植物生长抑制剂或延缓剂延缓试管苗生长的机理是什么?

附录 植物组织培养实验室的基本操作技术

植物组织培养实验的操作是基于无菌条件下进行的，需要建立一套满足无菌操作技术和无菌培养的环境。可以通过无菌操作过程获得植物器官、组织和细胞等无菌培养物，并在适宜环境条件下生长、发育、繁殖。植物组织培养实验基本操作技术主要包括清洗、消毒灭菌、无菌操作及培养条件的保证等基本环节。该项操作技术要求仔细耐心，它对保证实验的成功十分重要。所以，应力求通过各项操作步骤，使实验物品保持无菌状态，满足实验的最基本要求。

一、清洗与包装

（一）物品清洗

新的或用后的各种器皿，包括玻璃器皿、塑料器皿、金属器械、除菌滤器等都应严格清洗。

新购置的玻璃器皿，常有游离碱性物质，并附有一些对细胞和组织培养有害的物质，如有害金属及灰尘等。因此，新的玻璃器皿在使用前应彻底清洗并经过一定的化学处理。可先在清水中冲洗，晾干水分后在洗液中浸泡过夜，再经流水冲洗。必要时还需经1%盐酸溶液浸泡数小时，再用流水冲洗，经蒸馏水漂洗3次以上，最后用重蒸馏水或去离子水漂洗2次，60℃烘干备用。已用过的玻璃器皿用洗涤剂刷洗，刷洗时用力要轻，防止损伤器皿表面或造成划痕，或用超声波清洗仪清洗，清洗后用流水冲洗，经蒸馏水漂洗3次以上，最后用重蒸馏水或去离子水漂洗2次，烘干备用。

新的已灭菌的塑料器皿打开即可以使用。已用过的塑料器皿应先用清水充分浸泡，或用超声波清洗仪清洗，冲洗干净，再用2% NaOH溶液浸泡过夜，流水冲洗后再用1%稀盐酸浸泡数小时，流水冲洗，最后用蒸馏水漂洗3次，重蒸馏水或去离子水漂洗2次，晾干后备用。

新的金属器皿用热洗涤剂溶液洗净，再用清水冲洗，擦干或烘干即可。

已受微生物污染的培养器皿，先用高压蒸汽灭菌后再清洗。需重复使用的除菌滤器用清水冲洗后，用蒸馏水连续抽滤冲洗，最后用重蒸馏水连续抽滤冲洗，烘干备用。

（二）清洗后物品的包装

洗净烘（晾）干的物品应及时包装，以备消毒灭菌。包装常用硫酸纸、牛皮纸、纱布、棉布、锡箔纸、铝盒、饭盒、专用金属消毒筒等。包装的方式根据消毒灭菌的方法而有所不同。

体积较大器皿（如大烧杯、烧瓶等）及滤器等容器，可采用局部包装方法。把开口部分用锡箔纸或牛皮纸或棉布等紧密包装，棉线绳扎紧；较小器皿（如培养皿、玻璃吸管、注射器、胶塞等）可以用锡箔纸整体包装；金属器械、棉塞等可以先装入铝盒、饭盒或消毒筒中，然后用棉布全部包裹起来。一般全包装物品体积不能过大，可以用线绳捆扎，但不可太紧。放有物品的铝盒、饭盒或消毒筒等的底部和四周需要有多处通气孔，盒盖或筒盖不宜过紧。多个相同容器不易辨别时，应分别注明内装用品的名称，每一容器内的用品不宜放置过多、过密。注射器的针筒和针芯应分离并一起包装。吸管包装盒的底部垫一些脱脂棉或软纸、纱布，管口放入少许脱脂棉或纱布，包装松紧适宜，以免吸管头被撞断。

二、消毒灭菌

严格的消毒灭菌对植物组织培养的研究与应用极为重要，直接影响整个实验的顺利进行。

（一）消毒灭菌方法

目前常用的消毒灭菌方法多采用物理方法（如干热灭菌法、湿热灭菌法、过滤除菌法、射线杀菌法等）和化学方法（消毒剂、抗生素）两大类。

1. 干热灭菌法　是利用恒温干燥箱内120～160℃的高热，并保持90～120min，杀死细菌和芽孢，达到灭菌目的的一种方法。主要适用于不便在压力蒸汽灭菌器中进行灭菌，且不易被高温损坏的玻璃器皿、金属器械以及不能和蒸汽接触的物品的灭菌。用此方法灭菌的物品干燥，易于贮存。酒精灯火焰烧灼灭菌法也属于干热灭菌方法，在进行无菌操作时，常需利用工作台面上的酒精灯火焰对金属器具及玻璃器皿的口缘进行补充灭菌。

2. 湿热灭菌法　压力蒸汽湿热灭菌法是利用高压蒸汽以及在蒸汽环境中存在的潜热作用和良好的穿透力，使菌体蛋白质凝固变性而使微生物死亡的灭菌方法。适合于布类工作衣、各种器皿、金属器械、胶塞、蒸馏水、棉塞、纸和某些培养基的灭菌。高压蒸汽灭菌器的蒸汽压力一般调整为9.8×10^4～

10.8×10^4Pa，维持20～30min即可达到灭菌效果（表附-1）。

表附-1　饱和蒸汽压力与其对应的温度

饱和蒸汽压力（Pa）	温度（℃）	饱和蒸汽压力（Pa）	温度（℃）
0.0	100	1.03×10^5	121.0
1.38×10^4	103.6	1.10×10^5	122.0
2.76×10^4	106.9	1.24×10^5	124.1
4.33×10^4	109.8	1.38×10^5	126.0
5.52×10^4	112.6	1.51×10^5	127.8
6.89×10^4	115.2	1.65×10^5	129.6
8.28×10^4	117.6		134.5
9.65×10^4	119.9		147.6

3. 射线灭菌法　利用紫外线灯进行照射灭菌的方法。紫外线是一种低能量的电磁辐射，可以杀灭多种微生物。紫外线的作用机制是通过对微生物的核酸及蛋白质等的破坏作用而使其灭活。适合于实验室空气、地面、操作台面灭菌，灭菌时间为30min。用紫外线杀菌时应注意，不能边照射边进行实验操作，因为紫外线不仅对培养物及一些试剂等有不良影响，而且对人体皮肤有伤害。

4. 过滤除菌法　是将液体通过有微孔的滤膜过滤，使大于滤膜孔径的细菌等微生物颗粒阻留，从而达到除菌的方法。过滤除菌法大多用于遇热易发生分解、变性而失效的试剂、酶液、血清、培养液等。目前，常用微孔滤膜金属滤器或塑料滤器正压过滤除菌，或用玻璃细菌滤器、滤球负压过滤除菌，所用器皿均应进行高压消毒灭菌，温度为121℃。滤膜孔径应在0.22～0.45μm范围内或用更小的滤膜，溶液通过滤膜后，细菌和孢子等因大于滤膜孔径而被阻，并利用滤膜吸附作用，阻止小于滤膜孔径的细菌透过。

5. 化学消毒剂灭菌法　用于那些不能利用物理方法进行灭菌的物品、空气、工作面、操作者皮肤、某些实验器皿等。常用的化学消毒剂包括甲醛、高锰酸钾、70%～75%酒精、过氧乙酸、来苏儿、0.1%新洁尔灭、环氧乙烷、碘伏或碘酊、氯化汞、次氯酸钠、漂白粉等。其中利用70%～75%酒精、0.1%～0.2%氯化汞、10%次氯酸钠、饱和漂白粉等进行实验材料的灭菌；利用甲醛加高锰酸钾（单位面积加入2ml/m^3甲醛＋1g/m^3高锰酸钾）或乙二醇（6ml/m^3）等加热熏蒸法进行无菌室和培养室的消毒。在使用时应注意安全，特别是用在皮肤或实验材料上的消毒剂，必须选用合适的药剂种类、浓度和处理时间，才能达到安全和灭菌的目的。

6. 抗生素抑菌法　主要用于培养液，是培养过程中预防微生物污染的重要手段以及作为微生物污染不严重时的“急救”措施。常用的抗生素有青霉素、链霉素和新霉素等。

（二）不同种类物品及培养物的消毒灭菌方法

1. 无菌操作室灭菌 培养材料进行培养、观察或更换培养液时，必须从各方面防止任何污染物进入培养液或容器，所以无菌操作室的灭菌至关重要。由于无菌操作室的污染来源主要是空气中的细菌和真菌孢子，因此长期停用后的无菌操作室应进行熏蒸灭菌。经常使用的无菌操作室，在每次使用前都应进行地面卫生清洁，并用紫外线灯照射30min，进行空气灭菌。对超净工作台，每次操作前用紫外灯照射30min，然后用70%～75%酒精擦拭。

2. 培养液灭菌 培养液在制备过程中带有各种杂菌，分装后应立即灭菌，或在24h内完成灭菌工序。使用高压蒸汽灭菌器灭菌时，将分装好的培养液放入底部有一定量（淹没加热管）凉水的高压蒸汽灭菌器内，增压至3.43×10^4～3.92×10^4Pa时，排净灭菌器内冷空气，以便使蒸汽到达各个消毒部位，保证消毒灭菌彻底。然后继续加压加热，当压力表读数达到9.8×10^4～10.8×10^4Pa、121℃时，保持15～20min即可。由于消毒灭菌效果取决于温度而不是压力，所以在一定压力下保持较长的消毒灭菌时间是必需的。在121℃的蒸汽温度下可以很快杀死各种细菌及高度耐热的芽孢杆菌，因此许多培养液的消毒灭菌压力、温度一般保持在9.8×10^4～10.8×10^4Pa、121℃。消毒灭菌时间与需要消毒灭菌的培养液量密切相关（表附-2），时间不足达不到灭菌效果，时间过长培养液内的一些化学物质遭到破坏，影响培养液成分。消毒灭菌结束后，关闭热源，只有当灭菌器内压力降为0时才能打开放气阀，排除剩余蒸汽，取出培养液。不可在压力较高时打开放气阀，引起减压沸腾，使容器中液体溢出，导致皮肤烫伤。

表附-2 培养液高压蒸汽灭菌所需最少时间

容器容积（ml）	在121℃下所需的最少消毒灭菌时间（min）	容器容积（ml）	在121℃下所需的最少消毒灭菌时间（min）
20～50	15	1 000	30
75	20	1 500	35
250～500	25	2 000	40

培养液组成中如含有遇热易分解的物质，则需用过滤方法除菌。首先对培养液中耐热组分进行高压蒸汽灭菌后放置在无菌场所，固体培养液在40℃左

右琼脂即将凝结前，加入经过过滤除菌的不耐热溶液，混匀后冷却备用。液体培养液在冷却到室温后再加入过滤除菌溶液。

3. 玻璃器皿、塑料器皿和器械灭菌 玻璃器皿可进行干热灭菌或高压蒸汽灭菌，但在蒸汽灭菌后最好及时烘干水分。对不能进行高压蒸汽灭菌的塑料器皿可用75%酒精浸泡，使用前在无菌操作台面上晾干的同时，用紫外线重复杀菌。实验室还可以用环氧乙烷灭菌袋对塑料器皿进行灭菌，灭菌后的器皿要充分散气2～4h后才可使用。无菌操作所用的各种器械，采用干热或高压蒸汽灭菌，或用75%酒精浸泡，然后在无菌操作台面上晾干的同时再用紫外线重复杀菌；在使用期间可多次对其进行酒精灯火焰灼烧灭菌。

4. 培养材料的消毒灭菌 采自植物体的实验材料，携带着微生物及杂质，接种前需进行表面消毒灭菌，对内部已受微生物侵染的材料应予以淘汰。从植物体采集的某些组织块，需用消毒剂进行浸泡处理后再进行表面灭菌。常用的消毒剂有过氧化氢（10%～12%，浸泡5～15min）、过氧乙酸（0.05%，浸泡30～60s）、酒精（70%～75%，浸泡2min）。

植物组织培养实验中常用物品的消毒灭菌方法见表附-3。

表附-3 植物组织培养实验中常用物品的消毒灭菌方法选择

消毒灭菌物品	压力蒸汽	干热	过滤	紫外线	化学气体	化学消毒剂
培养室、工作台				+	+	+
玻璃制品	+	+				
金属器械	+	+				+
塑料制品					+	+
橡胶制品	+				+	+
培养液	+		+			
棉、布类	+	+				
培养物						+

三、无菌操作

1. 无菌操作前的准备工作 培养材料接种时的无菌操作过程除上述各项消毒灭菌操作外，还需完成以下无菌操作步骤，从而获得无菌接种的培养材料。

工作人员无菌操作前需用肥皂刷洗双手及手臂，并用流水冲净，穿戴好灭菌工作服、工作帽和口罩，更换拖鞋，才能进入无菌操作区。进入无菌操作区后，再用70%～75%的酒精擦拭双手和前臂。用70%～75%酒精擦洗工作台面后，将已消毒灭菌的实验用品取出，并将操作器械放置在无菌器械支架上，然后开始实验操作。

2. 无菌操作步骤 准备工作完成后，对来自于自然生长条件下的外植体，按培养材料灭菌方法处理后，放入已灭菌的培养皿中，置超净工作台酒精灯火焰下方，用灭菌剪刀等器械进行适当分离、切割或其他处理后备用。在酒精灯火焰处将培养容器的瓶塞（盖）轻轻打开，瓶口在灯焰处旋转灼烧，用镊子将培养材料置入培养基上，将镊子在酒精瓶中浸蘸酒精，置酒精灯上灼烧后放回支架，然后迅速灼燎瓶塞（盖）数秒后塞回瓶口。对继代培养材料的无菌操作，需在灯焰处打开瓶塞（盖），继代材料为液体培养细胞时直接用灭菌吸管吸取培养细胞液放入新培养液中；继代材料为固体培养细胞时用灭菌镊子挑取适量材料置新培养基上；继代材料为其他组织时，用灭菌剪刀或其他器械进行培养材料适当切割后，用灭菌镊子将其置于新培养基上，然后迅速灼燎瓶塞（盖）数秒后塞回瓶口。

3. 污染源及其表现特征 当培养材料、接种器皿、无菌操作环境等消毒灭菌不彻底时，培养材料则携带有微生物，当其被接种到营养丰富的培养液（基）上时，微生物繁殖迅速，出现各种污染菌斑。微生物生长时分泌出对培养材料有毒的代谢废物，致使培养材料死亡或失去使用价值。在培养过程中，培养材料附近出现黏液或混浊的水迹，并有发酵状泡沫，这是细菌性污染。在细菌性污染中，特别要注意一种呈乳白色的芽孢杆菌污染，它可出现在培养液表面，或呈滴形云雾状存在于培养液内。培养基表面出现的黄色、白色、黑色等不同颜色的霉菌，这是真菌性污染。若出现以上现象，表明培养器皿已受微生物污染，必须高压蒸汽灭菌后才能打开和清洗。

四、实验室日常维持

实验室的日常维持是植物组织培养实验室所必须进行的。在实验室工作的每一位研究人员都应该被安排在一定范围内承担实验室维持任务，使实验室保持一个好的工作状态和工作秩序。进入实验室的工作人员，应该保持实验室的整洁和干净，并给每个人指定如离心机、抽屉、培养箱等实验区域的维持任务。

进入实验室工作的所有人员，在每天进行实验工作的前、后，用适当的消毒剂，如70%～75%酒精进行工作台面擦拭，废物容器和废液体应带出培养室，并在每天工作完成后将其清除。按照生物安全条例，细胞培养废物应作为生物危害处理，含有细胞的干废物应放置在生物安全袋并进行高压蒸汽灭菌处理，液体废物应使用消毒剂进行消毒处理或进行高压蒸汽灭菌处理。发现任何液体洒在仪器或地板上，应立即进行清洁并消毒。每天工作结束后，关闭不使用的仪器设备。

附表 1　部分植物培养基成分

附表 1-1　植物组织培养所用

（引自曹孜

培养基成分	Murashige & Skoog (MS) (1962)	Gamborg (B_5) (1968)	Chee & Pool (C_2D) (1980)	Bourgin (H) (1967)	Nitsch (N) (1963)	Blaydes (1966)	Miller (M) (1963—1967)	N_6 朱至清 (1975)	Campbell & Dutzan (CD) (1975)	Chaturvedi & Mitra (CM) (1974)
$(NH_4)_2SO_4$		134						463		
NH_4NO_3	1 650		1 650	720	725	1 000	1 000		800	1 500
KNO_3	1 900	2 500	1 900	950	925	1 000	1 000	2 830	340	1 500
$Ca(NO_3)_2 \cdot 4H_2O$			709		500	347	347		980	
$CaCl_2 \cdot 2H_2O$	440	150		166				166		400
$MgSO_4 \cdot 7H_2O$	370	250	370	185	125	35	35	185	370	360
KH_2PO_4	170		170	68	88	3	300	400	170	150
$NaH_2PO_4 \cdot H_2O$		150								
Na_2-EDTA	37.3	37.3	37.3	37.3	37.3	37.3		37.3	37.3	37.3
Fe-EDTA										
NaFe-EDTA							32			
$FeSO_4 \cdot 7H_2O$	27.8	27.8	27.8	27.8	27.8	27.8		27.8	27.8	27.8
KCl							65		65	
Na_2SO_4										
Gtigy 螯合铁（330）										
柠檬酸铁					10					
$Fe_3(PO_4)_2$										
$FeCl_3$										
$Fe_2(SO_4)_3$										
$FePO_4 \cdot 4H_2O$										
Na_2HPO_4										
$Na_2HPO_4 \cdot 12H_2O$										
NH_4Cl										
$CaSO_4$										
$Ca_3(PO_4)_2$										
$NH_4H_2PO_4$										
$NaNO_3$										
$MnSO_4 \cdot H_2O$									16.9	
$MnSO_4 \cdot 2H_2O$										
$MnSO_4 \cdot 4H_2O$	22.3	10	0.85	25	25	4.4	4.4	4.4		22.3

附表 1 部分植物培养基成分

部分培养基的成分（mg/L）

义，1999）

Eriksson (ER) (1965)	DR 董春枝等 (1988)	Fox (F) (1963)	Fujii & Nito (FN) (1972)	Heller (H-53) (1953)	Knop's (K) (1865)	Knudson (KN) (1943)	Linsmaier & Skoog (LS) (1965)	Lyrene (LY) (1979)	Miller & Skoog (MIS) (1953)	Motel (MO) (1948)
	132					500				
1 200	400	1 000	60				1 650			
1 900	202	1 000			125		1 900	190	80	125
		500	170		500	1 000		1 140	100	500
400	440			75			400			
370	370	300	240	250	125	250	370	370	35	125
340	408	250	40		125	250	170	170	37.5	125
				125						
37.3							37..3	74.6		
	36.7									
		35								
27.8							27.8	55.6		
		50	80	750					65	125
			10							
				1.0						
								2.5		
						25				
				600						
	16.9	5.0	0.4							
2.23				0.1			22.3	22.3	4.4	

培养基成分	Murashige & Skoog (MS) (1962)	Gamborg (B_5) (1968)	Chee & Pool (C_2D) (1980)	Bourgin (H) (1967)	Nitsch (N) (1963)	Blaydes (1966)	Miller (M) (1963—1967)	N_6 朱至清 (1975)	Campbell & Dutzan (CD) (1975)	Chaturvedi & Mitra (CM) (1974)
$MnSO_4 \cdot 7H_2O$										
$ZnSO_4 \cdot 7H_2O$	8.6	2.0	8.6	10	10	1.5	1.5	3.8	8.6	8.6
$ZnSO_4$										
H_3BO_3	6.2	3.0	6.2	10	10	1.6	1.6	1.6	6.2	6.2
草酸铁										
Na_2SO_4										
$NaH_2PO_4 \cdot H_2O$										
KI	0.83	0.75			0.75	0.8	0.8	0.8	0.83	0.83
$Na_2MoO_4 \cdot 2H_2O$	0.25	0.25	0.25	0.25	0.25				0.25	0.25
MoO_3										
$CuSO_4 \cdot 5H_2O$	0.025	0.025	0.025	0.025	0.025				0.025	0.025
$CoCl_2 \cdot 6H_2O$	0.025	0.025	0.025						0.025	0.025
$NiCl_2 \cdot 6H_2O$							0.35			
Cu $(NO_3)_2 \cdot 3H_2O$										
$CoCl_2 \cdot 2H_2O$										
$AlCl_3$										
维生素 B_{12}										
对氨基苯甲酸										
叶酸				0.5						0.1
维生素 B_2										0.1
生物素（维生素 H）				0.05						0.1
氧化胆碱										
泛酸钙			0.5							
盐酸硫胺素（维生素 B_1）	0.1	10	3	0.5	0.25	0.1	0.1	1		5.0
烟酸	0.5	1.0	8	5.0	1.25	0.5	0.5	0.5		0.5
盐酸吡哆醇（维生素 B_6）	0.5	1.0	5	0.5	0.25	0.1	0.1	0.5		1.25
肌醇	100	100	55.5	100						100
甘氨酸	2.0			2	7.5	2.0		2		2.0
抗坏血酸（维生素 C）										5.0
半胱氨酸										
尼克酸										
$FeC_6H_5O_7$（%）										
水解乳蛋白 LH										
水解酪蛋白 CH										
蔗糖	30 000	20 000	30 000	20 000	20 000	20 000	30 000	50 000	30 000	50 000
琼脂（g）	10	10	7.5	8	10	10	10	10		
pH	5.8	5.5	5.7	5.5	6.0	5.6	6.0	5.8		

附表 1　部分植物培养基成分

（续）

	Eriksson (ER) (1965)	DR 董春枝等 (1988)	Fox (F) (1963)	Fujii & Nito (FN) (1972)	Heller (H-53) (1953)	Knop's (K) (1865)	Knudson (KN) (1943)	Linsmaier & Skoog (LS) (1965)	Lyrene (LY) (1979)	Miller & Skoog (MIS) (1953)	Motel (MO) (1948)
	Zn（螯合）15	8.6	7.5	0.05	1.0			8.6	8.6	1.5	0.05
	0.63	6.2	5.0	0.6	1.0			6.2	6.2	1.6	0.025
			0.8	（H_2MoO_4·	0.01			0.83	0.83	0.75	0.25
	0.025	0.025		H_2O				0.25	0.25		
		0.025		0.02）							
	0.0025			0.05	0.03			0.025	0.02		0.025
	0.0025							0.025	0.02		0.025
					0.03						0.025
					0.03						
				0.01							0.01
				10.0							
	0.5	0.4	0.1	1.0				0.4	0.1	0.1	10.0
	0.5		0.5	1.0					0.5	0.5	1.0
	0.5		0.5	1.0					0.5	0.5	1.0
		100	100	0.1				100	100		
	2.0		2.0						2.0	2.0	0.1
	40 000	20 000	30 000	20 000			20 000	30 000	30 000	2 000	20 000
		6						10			10
	5.8							5.8			

附表 1-2 植物组织培养所用

培养基成分	Murashige & Tucher (MT) (1969)	Nitsch (NN-69) (1969)	Nitsch (N-68) (1968)	Ringe & Nitsch (RN) (1968)	Schenk & Hilderbrandt (SH) (1972)	Skirvin & Chu (SC) (1980)	Skirvin 等 (MS-H) (1982)	Mecown Lloyd (WPM) (1933)	Tukey (T-34) (1975)
$(NH_4)_2SO_4$									
NH_4NO_3	1 650	720	825			1 650	1 650		
KNO_3	1 900	950	950	125	2 500	1 900	1 900	400	136
$Ca(NO_3)_2·4H_2O$				500					
$CaCl_2·2H_2O$	440	166	220		200	440	440	900	
$MgSO_4·7H_2O$	370	185	1 233	125	400	370	370	187	($MgSO_4$
KH_2PO_4	170	68	680	125		170	170	170	170)
$NaH_2PO_4·H_2O$									
Na_2-EDTA	37.3	37.3	37.3	37.3	15	37.3	37.3	37.3	
Fe-EDTA									
NaFe-EDTA									
$FeSO_4·7H_2O$	27.8	27.8	27.8	27.8	20	27.8	27.8	27.8	
KCl								900	680
Na_2SO_4									
Gtigy 螯合铁(330)									
柠檬酸铁									($FePO_4$·
$Fe_3(PO_4)_2$								187.5	$2H_2O$
$FeCl_3$									170)
$Fe_2(SO_4)_3$									
$FePO_4·4H_2O$									
Na_2HPO_4									
$Na_2HPO_4·12H_2O$									
NH_4Cl									
$CaSO_4$								187.5	170
$Ca_3(PO_4)_2$								187.5	170
$NH_4H_2PO_4$					300				
$NaNO_3$									
$MnSO_4·H_2O$					10				
$MnSO_4·2H_2O$									
$MnSO_4·4H_2O$	22.3	25	22.3	25		22.3	22.3	22.3	
$MnSO_4·7H_2O$									
$ZnSO_4·7H_2O$	8.6	10	8.6	10	1.0	8.6	8.6	8.6	
$ZnSO_4$									
H_3BO_3	6.2	3	6.2	10	5.0	6.2	6.2	6.2	
草酸铁									

附表 1　部分植物培养基成分

部分培养基的成分(mg/L)

White (W-63) (1963)	F_{14}	GS 曹孜义等 (1986)	赵惠祥(1986) V_1	As	ASH	Wolter & Skoog (WS) (1966)	Braun & Wood (BW) (1961)	C_{17} 王培等 (1986)	Knudson's (1925)	Vauin & Went (VW) (1949)	GB 张鉴铭 (1985)
		67								500	66
	400		412.5	825	825	50		300	500		
80	1 800	1 250	475	950	925	170		1 400		525	2 022
200						425					
		150	110	220	220			150			220
720		125	92.5	185	185			150		250	
	360		42.5	85	85			400			
17											50
	18.65		8.65		37.3		37.25				30
		12.5	2.5	2.5						28	
	20										
200		13.9	0.083	13.9		27.8					22
						140					
200						425					
2.5											
		175							(K_2HPO_4 250)		
						35					
						35					
								0.5		200	
								0.25	($MgCl_2 \cdot 6H_2O$ 100)		
		5									
								5			
5.0	1.0		2.23	2.23	2.23	7.5				75	8
	1.0					9		11.2	250	7.5	
3.0	8.6	1	1.05	1.05	1.05	3.2					24
								8.6			
1.5	12.4	1.5	0.62	0.62	0.62			6.2			2.4
						28					

培养基成分	Murashige &Tucher (MT) (1969)	Nitsch (NN-69) (1969)	Nitsch (N-68) (1968)	Ringe& Nitsch (RN) (1968)	Schenk& Hilderbr-andt(SH) (1972)	Skirvin &Chu (SC) (1980)	Skirvin 等 (MS-H) (1982)	Mecown Lloyd (WPM) (1933)	Tukey (T-34) (1975)	White (W-63) (1963)
Na_2SO_4										
$NaH_2PO_4 \cdot H_2O$										
KI	0.83		0.83	1.0	1.0	0.83	0.83			0.75
$Na_2MoO_4 \cdot 2H_2O$		0.25	0.25	0.25	0.1	0.25	0.25	0.25		
MoO_3										0.001
$CuSO_4 \cdot 5H_2O$	0.025	0.08	0.025	0.025	0.2	0.025	0.025		0.01	
$CoCl_2 \cdot 6H_2O$	0.025		$CuSO_4 \cdot 7H_2O$ (0.03)	0.025	0.1	0.025	0.025			
$NiCl_2 \cdot 6H_2O$										
$Cu(NO_3)_2 \cdot 3H_2O$										
$CoCl_2 \cdot 2H_2O$										
$AlCl_3$										
维生素 B_{12}						0.001 5				
对氨基苯甲酸						0.5	1.0			
叶酸		0.5	0.5	0.5		0.5	0.25			
维生素 B_2						0.5				
生物素(维生素H)		0.05	0.05	0.05		1.0	0.05			
氧化胆碱						1.0	1.0			
泛酸钙						1.0	泛酸 0.5			
盐酸硫胺素(维生素 B_1)		0.5	1.0	0.5	5.0	1.0	2.0	1.0		0.1
烟酸	0.5	5.0	5.0	5.0	5.0	2.0	2.5	0.5		0.3
盐酸吡哆醇(维生素 B_6)	0.5	0.5	0.5	0.5	5.0	2.0	0.25	0.5		0.1
肌醇	100	100	100	100	1 000	100	200	100		
甘氨酸	2.0	2.0	2.0	2.0		2.0	2.0	2.0		3.0
抗坏血酸(维生素C)						50.0				
半胱氨酸										
尼克酸										
$FeC_6H_5O_7$(%)										
水解乳蛋白 LH										
水解酪蛋白 CH							1 000			
蔗糖	50 000	20 000	20 000	40 000	30 000	30 000	20 000	20 000	50 000	20 000
琼脂(g)			甘露醇				6.0	6.0	7~10	10
pH			(12.7%)		5.8		5.7	5.2	5.8	5.6

附表 1　部分植物培养基成分

（续）

F_{14}	GS 曹孜义等 (1986)	赵惠祥(1986) V_1	赵惠祥(1986) As	赵惠祥(1986) ASH	Wolter& Skoog (WS) (1966)	Braun &Wood (BW) (1961)	C_{17} 王培等 (1986)	Knudson's (1925)	Vauin &Went (VW) (1949)	GB 张鉴铭 (1985)
						(鸟氨酸				
						100)			250	
	0.375	0.083	0.083	0.083	1.6		0.1			0.6
0.25		0.025	0.025	0.025			0.012			0.2
0.025	0.012 5	0.002 5	0.002 5	0.002 5		(天冬酰	0.012			0.02
0.025	0.012 5	0.002 5				胺 200)	0.012			0.02
		0.002 5	0.002 5	0.002 5		(谷酰胺				
						200)				
0.8	10	0.04	0.4	0.04	0.1	0.1	1.0			10
	1	0.05	0.5	0.05	0.5	0.5	0.5			1.0
1.0	1	0.05	0.5	0.05	0.1	0.1	0.5			1.0
100	25	10	10	10	100	100				25
10		0.2	0.2	0.2			2.0			
						(胞嘧啶				
						100)				
BA0.2			250							
$GA_3$0.2										
20 000	15 000	15 000	30 000	15 000	20 000		90 000		20 000	15 000
5.6	4～7	7.5	7.5	7.5	10		7		16	4～8
5.3～5.4	5.9	5.8	5.8	5.8					5.1	5.8～6.0

附表 1-3　植物组织培养所用

培养基成分	卡德利亚兰培养基			石斛兰培养基	
	(1970) 启动 Lindemann	(1946) 增殖 Knudson C	(1979) 生根 Arditti	节段(改良)Knop	生根(改良 MS)
$MgSO_4 \cdot 7H_2O$	120	120	250	125	370
KH_2PO_4	135	135	250	125	170
$Ca(NO_3)_2 \cdot 4H_2O$	500	500	1 000	500	$CaCl_2 \cdot 2H_2O$(440)
$(NH_4)_2SO_4$	1 000	1 000	500	KNO_3(125)	$(NH_4)NO_3$(1 650)
KCl	1 050	1 050			KNO_3(1 900)
KI	0.099	0.099			0.83
H_3BO_3	1.014	1.014	0.056	0.056	6.2
$MnSO_4 \cdot 4H_2O$	0.068	0.068	7.5	$MnCl_2 \cdot 4H_2O$ (0.036)	22.3
$ZnSO_4 \cdot 7H_2O$	0.565	0.565	0.331	$ZnCl_2$(0.152)	$ZnCl_2$(3.93)
Mo_2O_3			0.016	$Na_2MoO_4 \cdot 2H_2O$ (0.025)	$Na_2MoO_4 \cdot 2H_2O$(0.025)
$CuSO_4 \cdot 5H_2O$	0.019	0.019		$CuCl_2 \cdot 2H_2O$(0.54)	0.025
$CuSO_4$			0.040	$CoCl_2$(0.02)	$CoCl_2 \cdot 6H_2O$(0.025)
$AlCl_3$	0.031	0.031		$FeCl_3 \cdot 6H_2O$(0.5)	
$NiCl_2$	0.017	0.017		Na_2-EDTA(0.8)	Na_2-EDTA(74.5)
$FeSO_4$			25		$FeSO_4 \cdot 7H_2O$(27.8)
$FeC_6H_5O_7 \cdot 3H_2O$	5.4	5.4		10	
肌醇		18.0			100
烟酸		1.22			
盐酸吡哆醇		0.21			
盐酸硫胺素		0.34		0.4	
叶酸		4.4			
生物素		0.024			
泛酸钙		0.48			
谷氨酸		15.0			
天门冬酰胺		13.0			
鸟嘌呤核苷酸		182.0		转肉桂酸 150[a],15[b],1.5[c]	
胞嘧啶核苷酸		162.0			
椰乳(ml/L)	150	50～150			
水解酪蛋白					
蔗糖	50 000	20 000	20 000	20 000	30 000
琼脂			1.2%～ 1.5%	1.3%	1.3%
KT	0.2	0.22		6-BA(2.0)	IAA(0.1)
NAA	0.1	0.18			
GA_3		0.35			
pH	5.5	5.5		5.5	5.5

注:[a]用于取自基部的茎;[b]用于取自中部的茎;[c]用于取自顶部的茎;[d]用于诱导培养基;[e]用于分化和幼

附表 1　部分植物培养基成分

部分培养基的成分(mg/L)

文心兰培养基		兰花种子萌发和幼苗培养基	Kyoto	马铃薯培养基(1978)
改良 Knudson C	改良 MS	改良 Knudson		
250	370	250	复合肥料(7：	125
250	170	250	6：19)3g	200
500	$CaCl_2 \cdot 2H_2O$(440)	1 000		100
1 000	1 650	500		100
250	KNO_3(1 900)			KNO_3(1 000)
0.01	0.01		10%～20%	KCl(35)
1	1	0.056	苹果汁	
0.01	0.01	7.5	1 000ml	
1	7	0.331		
		0.016		
0.03	0.03	0.040		
0.03	0.03			
$NiCl_2 \cdot 6H_2O$(0.03)	$NiCl_2 \cdot 6H_2O$(0.03)			
$FeSO_4 \cdot 7H_2O$(25)	$FeSO_4 \cdot 7H_2O$(25)	$FeSO_4 \cdot 7H_2O$(25)		
	1			
	0.5			
	0.5			1.0
				10%马铃薯汁
	Peptone 1 000[d]			
	番茄或香蕉浆 50～100g[e]	熟香蕉 100～150g[e]		
20 000	20 000	20 000	35 000	90 000
1.5%	1.0%～1.2%	1.2%～1.5%	1.5%	0.6%
	0.05[d]			
	0.5[d]			
5.5	5.5	5.3	5.3	

苗培养基。

附表2　培养瓶中培养物的表现、可能原因及改进措施

（引自谭文澄等，1991）

培养阶段	培养物的表现	症状产生的可能原因	可供选择的改进措施
初代培养阶段，即启动与脱分化	培养物水浸状，变色，坏死，茎断面附近干枯	表面灭菌剂过烈，时间过长；外植体选用部位不当，时期不当	试用较温和灭菌剂，降低浓度，减少时间；试用其他部位组织，改在生长初、中期采样
	培养物长期培养没有反应	生长素种类不当；用量不足；温度不适宜；培养基不适宜	增加生长素用量，试用2，4-D，调整培养温度
	愈伤组织生长过旺，疏松，后期水浸状	生长素及细胞分裂素用量过多；培养温度过高；培养基渗透势低	减少生长素及细胞分裂素用量，适当降低培养温度
	愈伤组织生长过紧密，平滑或突起，粗厚，生长缓慢	细胞分裂素用量过多；糖浓度过高；生长素过量也可引起	适当减少细胞分裂素和糖的用量
	侧芽不萌发，皮层过于膨大，皮孔长出愈伤组织	采样枝条过嫩；生长素及细胞分裂素用量过多	减少生长素及细胞分裂素用量，采用较老化枝条
继代培养阶段，即再分化与丛生芽苗增殖	苗分化数量少，速度慢，分枝少，个别苗生长细高	细胞分裂素用量不足；温度偏高；光照不足	增加细胞分裂素用量，适当降低温度，补充光照
	苗分化较多，生长慢，部分苗畸形，节间极度短缩，苗丛密集，过度微型化	细胞分裂素用量过多；温度不适宜	减少细胞分裂素用量或停用一段时间，适当调节温度
	分化出苗较少，苗畸形，培养较久苗可能再次愈伤组织化	生长素用量偏高，温度偏高	减少生长素用量，适当降温
	叶粗厚变脆	生长素用量偏高，或兼细胞分裂素用量偏高	适当减少生长素用量，避免叶接触培养基
	再生苗的叶缘、叶面等处偶有不定芽分化出来	细胞分裂素用量过多，亦或该种植物适宜于这种再生方式	适当减少细胞分裂素用量，或分阶段利用这一再生方式
	丛生苗过于细弱，不适宜生根操作和移栽	细胞分裂素用量过多；温度过高；光照短，光强不足；久不转接，生长空间窄	减少细胞分裂素用量，延长光照，增加光强，及时转接，降低接种密度，改善瓶口遮蔽物
	常有黄叶、死叶夹于丛生苗中，部分苗逐渐衰弱，生长停止，草本植物有时水浸状、烫伤状	瓶内气体状况恶化，pH变化过大，久不转接糖已耗尽，光合作用不足自身维持；瓶内乙烯含量升高；培养物可能已污染；温度不适	降低接种密度，及时转接，延长光照，增强光照，去除污染，控制温度

附表 2　培养瓶中培养物的表现、可能原因及改进措施

（续）

培养阶段	培养物的表现	症状产生的可能原因	可供选择的改进措施
继代培养阶段，即再分化与丛生芽苗增殖	幼苗生长无力，陆续发黄落叶，组织水浸状、煮熟状	久不转接糖已耗尽，光合作用不足自身维持，植物激素配比不当，无机盐浓度不适	及时继代，延长光照，增加光强。适当调节激素配比。
	幼苗淡绿，部分失绿	忘加铁盐或量不足；pH不适，铁、镁、锰元素配比失调；光过强，温度不适	仔细配制培养基，注意配方成分，调节 pH，控制光温条件
诱导生根阶段	培养物久不生根，基部切口没有适宜的愈伤组织生长	生长素种类不适宜；用量不足；生根部位通气不良；基因型影响；生根程序不适当；pH不适；无机盐浓度及配比不当等	改进培养程序，选用或增加生长素用量，改用滤纸桥液培生根
	愈伤组织生长过大过快，根部肿胀或畸形，几条根并联或愈合，苗发黄受抑制或死亡	生长素种类不适，用量过高或伴有细胞分裂素用量过高；程序不适等	减少生长素及细胞分裂素用量，改进培养程序等

附表3　植物组织培养基中常用化合物的相对分子质量

化合物名称	化学式	相对分子质量	化合物名称	化学式	相对分子质量
硝酸铵	NH_4NO_3	80.04	硼酸	H_3BO_3	61.83
硫酸铵	$(NH_4)_2SO_4$	132.15	氯化钴	$CoCl_2 \cdot 6H_2O$	237.93
氯化钙	$CaCl \cdot 2H_2O$	147.02	硫酸铜	$CuSO_4 \cdot 5H_2O$	249.68
硝酸钙	$Ca(NO_3)_2 \cdot 2H_2O$	236.16	硫酸锰	$MnSO_4 \cdot 4H_2O$	223.01
硫酸镁	$MgSO_4 \cdot 7H_2O$	246.47	碘化钾	KI	166.01
氯化钾	KCl	74.55	钼酸钠	$Na_2MOO_4 \cdot 2H_2O$	241.95
硝酸钾	KNO_3	101.11	硫酸锌	$ZnSO_4 \cdot 7H_2O$	287.54
磷酸二氢钾	KH_2PO_4	136.09	乙二胺四乙酸二钠盐	$Na_2 \cdot EDTA \cdot 2H_2O$	372.25
磷酸二氢钠	$NaH_2PO_4 \cdot 2H_2O$	156.01		$(C_{10}H_{14}N_2O_8Na_2 \cdot 2H_2O)$	
果糖	$C_6H_{12}O_6$	180.15	硫酸亚铁	$FeSO_4 \cdot 7H_2O$	278.03
葡萄糖	$C_6H_{12}O_6$	180.15	EDTA-Na-Fe	$FeNa \cdot EDTA$	367.07
甘露醇	$C_6H_{14}O_6$	182.17		$(C_{10}H_{12}FeN_2NaO_8)$	
山梨醇	$C_6H_{14}O_6$	182.17	维生素C	$C_6H_8O_6$	176.12
蔗糖	$C_{12}H_{22}O_{11}$	342.31	生物素(维生素H)	$C_{10}H_{16}N_2O_3S$	244.31
2,4-D	$C_8H_6O_3Cl_2$	221.04	泛酸钙(维生素B_5钙盐)	$(C_9H_{16}NO_5)_2Ca$	476.53
IAA	$C_{10}H_9NO_2$	175.18	氰钴氨酸(维生素B_{12})	$C_{63}H_{90}CoN_{14}O_{14}P$	1 357.64
IBA	$C_{12}H_{13}NO_2$	203.24	L-半胱氨酸盐酸盐	$C_3H_7NO_2S \cdot HCl$	157.63
NAA	$C_{12}H_{10}O_2$	186.20	叶酸	$C_{19}H_{19}N_7O_6$	441.40
6-BA	$C_{12}H_{11}N_5$	225.26	肌醇	$C_6H_{12}O_6$	180.15
KT	$C_{10}H_9N_5O$	215.21	烟酸	$C_6H_5NO_2$	123.11
ZT	$C_{10}H_{13}N_5O$	219.25	盐酸吡哆醇(维生素B_6)	$C_8H_{11}NO_3 \cdot HCl$	205.64
GA_3	$C_{19}H_{22}O_6$	346.37	盐酸硫胺素(维生素B_1)	$C_{12}H_{17}ClN_4OS \cdot HCl$	337.31
ABA	$C_{15}H_{20}O_4$	264.31	甘氨酸	$C_2H_5NO_2$	75.07
2-ip	$C_{10}H_{13}N_5$	203.25	L-谷氨酰胺	$C_5H_{10}N_2O_3$	146.15

主要参考文献

王蒂.2003.细胞工程学.北京:中国农业出版社
王蒂.2004.植物组织培养.北京:中国农业出版社
曹孜义,刘国民.2001.实用植物组织培养技术教程(修订版).兰州:甘肃科学技术出版社
陈振光.1996.园艺植物离体培养学.北京:中国农业出版社
陈正华.1986.木本植物组织培养及其应用.北京:高等教育出版社
李浚明,朱登云.2005.植物组织培养教程(第三版).北京:中国农业大学出版社
李云.2001.林果花菜组织培养快速繁殖技术.北京:中国林业出版社
潘瑞炽.2000.植物组织培养.广州:广东高等教育出版社
沈海龙.2005.植物组织培养.北京:中国林业出版社
司怀军,王蒂.2003.马铃薯种间体细胞杂种的育性和遗传改良.作物学报,29(2):280～284
孙敬三,陈维伦.1990.植物生物技术和作物改良.北京:中国科学技术出版社
孙敬三,桂耀林.1995.植物细胞工程实验技术.北京:科学出版社
孙勇如,安锡培.1991.植物原生质体培养.北京:科学出版社
谭文澄,戴策刚.1991.观赏植物组织培养技术.北京:中国林业出版社
王水琦.2007.植物组织培养.北京:中国轻工业出版社
韦三立.2001.花卉组织培养.北京:中国林业出版社
夏镇澳.1998.植物原生质体培养和细胞杂交.见:余叔文,汤章城.植物生理与分子生物学(第二版).北京:科学出版社,30～53
谢从华.2004.植物细胞工程.北京:高等教育出版社
许智宏,卫志明.1997.植物原生质体培养和遗传操作.上海:上海科学技术出版社
张自立.1990.植物细胞和体细胞遗传学技术和原理.北京:高等教育出版社
周维燕.2001.植物细胞工程原理与技术.北京:中国农业大学出版社
裘文达.1986.园艺植物组织培养.上海:上海科学技术出版社
许志刚.2000.普通植物病理学(第二版).北京:中国农业出版社
王重庆.1999.分子免疫学基础.北京:北京大学出版社
林均安.1989.实用生物电子显微术.沈阳:辽宁科学技术出版社
王宪泽.2002.生物化学实验技术原理与方法.北京:中国农业出版社
林加涵.2002.现代生物学实验.北京:高等教育出版社
崔德才.2003.植物组织培养与工厂化育苗.北京:化学工业出版社
颜昌敬.1990.植物组织培养手册.上海:上海科学技术出版社
柳俊.2001.马铃薯试管块茎的形成机理及块茎形成调控.[博士论文].武汉:华中农业大学

冯大领，孟祥书，王艳辉等．2007．植物生长调节剂在植物体细胞胚发生中的应用．核农学报，21(3)：256～260

马同富，马宗新．2007．杨树叶片高效离体再生系统的构建．中国农学通报，23(12)：88～92

王飞，王跃进，周建锡．2006．无核葡萄与中国野生葡萄杂种的胚挽救技术研究．园艺学报，33(5)：1079～1082

Chawla H S. 2000. Introduction to Plant Biotechnology. Science Publishers, Inc. Enfield, New Hampshire, USA

Ramulu K S, Dijkhuisp, Rutgerse, et al. 1995. Microprotoplast fusion technique: a new tool for gene transfer between sexually-incongruent plant species. Euphytica, 85: 255～268

Robert N. Trigiano, Dennis J. Gray. 2000. Plant Tissue Culture Concepts and Laboratory Exercises. 2nd ed. CRC Press LLC

Zimmermann U, Scheurich P. 1981. High frequency fusion of plant protoplasts by electric fields. Planta, 151: 26～32

图书在版编目（CIP）数据

植物组织培养实验指导/王蒂主编．—北京：中国农业出版社，2008.5（2014.7 重印）
全国高等农林院校“十一五”规划教材
ISBN 978－7－109－12059－4

Ⅰ．植…　Ⅱ．王…　Ⅲ．植物－组织培养－实验－高等学校－教学参考资料　Ⅳ．Q943.1－33

中国版本图书馆 CIP 数据核字（2008）第 044783 号

中国农业出版社出版
（北京市朝阳区农展馆北路 2 号）
（邮政编码 100125）
责任编辑　李国忠　戴碧霞　田彬彬

北京中兴印刷有限公司印刷　　新华书店北京发行所发行
2008 年 5 月第 1 版　　2014 年 7 月北京第 4 次印刷

开本：720mm×960mm　1/16　　印张：9.5
字数：156 千字
定价：18.00 元
（凡本版图书出现印刷、装订错误，请向出版社发行部调换）